空调维修笔记

（第3版）

李志锋 ◎ 编著

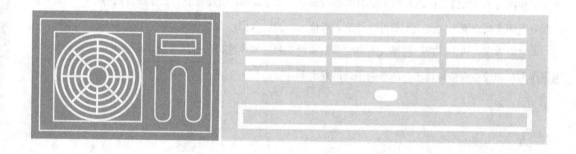

人民邮电出版社

北京

图书在版编目（CIP）数据

空调维修笔记 / 李志锋编著. -- 3版. -- 北京：
人民邮电出版社，2018.7
ISBN 978-7-115-48485-7

Ⅰ. ①空… Ⅱ. ①李… Ⅲ. ①空气调节器-维修
Ⅳ. ①TM925.120.7

中国版本图书馆CIP数据核字(2018)第103997号

内 容 提 要

  这是一本使空调维修人员快速掌握空调维修技术的图书。本书通过作者在日常空调检修工作中所记录的真实维修案例，由浅入深地介绍了空调的基础知识、故障案例、故障检测以及检修方法等，内容涵盖了定频空调和变频空调两大类。本书可指导空调维修人员快速入门，并参考维修案例快速解决空调故障。

  本书内容深入浅出、通俗易懂，具有较高的实用性和可操作性，适合广大空调维修人员阅读和参考，也可作为空调设备维修培训班、职业类学校的参考书。

 ◆ 编　　著　李志锋
  责任编辑　黄汉兵
  执行编辑　林　森
  责任印制　彭志环
 ◆ 人民邮电出版社出版发行　　北京市丰台区成寿寺路 11 号
  邮编　100164　电子邮件　315@ptpress.com.cn
  网址　http://www.ptpress.com.cn
  固安县铭成印刷有限公司印刷
 ◆ 开本：787×1092　1/16
  印张：11.5　　　　　　　　2018 年 7 月第 3 版
  字数：287 千字　　　　　　2018 年 7 月河北第 1 次印刷

定价：49.00 元

读者服务热线：(010) 81055488　印装质量热线：(010) 81055316
反盗版热线：(010) 81055315

前　言

《空调维修笔记》第 1 版于 2008 年 9 月出版，第 2 版于 2011 年 3 月出版，转眼间，已经面世约有 10 年时间了。在这段时间里，空调器行业也在迅速发展，主销产品由定频空调器逐渐过渡到交流变频空调器，直流和全直流变频空调器，相对应维修人员的维修工作从以前主修定频空调器，转变到目前变频空调器维修为主，而变频空调器增加室外机复杂的电控系统，维修难度较大，为适应市场需要，我们修订出版了《空调维修笔记（第 3 版）》，相对于第 2 版，具有以下特点。

1．全彩印刷：为了能更清楚地表达定频和变频空调器的元件和维修实例，采用全彩印刷的方式。

2．一步一图：采用全程图解的编写方式，真实还原维修现场。

3．内容新颖：本书定频和变频空调器的比例各占一半，同时变频空调器部分增加直流电机和电子膨胀阀维修实例。

4．免费视频：本书提供免费维修视频供读者学习观看，能够帮助读者快速掌握相关技能。本书由李志锋主编，参加本书编写及为本书的编写提供帮助的人员还有李殿魁、李献勇、周涛、孟妮、李全福、刘提、金科技、李文超、刘提醒、姚仿、金坡、金记纪、金威威、金亚南等，在此对所有人员的辛勤工作表示由衷的感谢。

本书的编者长期从事空调器维修工作，由于能力、水平所限，加上编写时间仓促，书中难免有不妥之处，还希望广大读者提出宝贵意见。

编者

目　录

第 1 章
定频空调器电控基础

第 1 节 主板分类及形式

一、主板分类

1. 按功能分类

（1）单冷型主板：对应使用在单冷型（KF）空调器之中。

（2）冷暖型主板：对应使用在冷暖型（KFR）空调器之中。

（3）冷暖辅助电加热型主板：对应使用在冷暖辅助电加热型（KFR + D）空调器之中。

2. 按室内机主板数量分类

（1）单块主板：是目前最常见的主板形式。

（2）两块主板：多见于早期空调器之中，一块为强电板，另一块为弱电板。强电板一般有电源电路、继电器电路等强电电路，弱电板一般为控制电路和弱电信号处理电路。

3. 按室外机有无主板分类

（1）室外机无主板：是目前常见的形式。

（2）室外机有主板：多见于早期空调器或目前的高档空调器。

4. 按室内风机形式分类

（1）使用抽头电机的主板：多见于早期空调器。

（2）使用 PG 电机的主板：是目前最常见的主板。

5. 按主板供电电源分类

（1）使用变压器降压的电源电路：是目前最常见的主板。

（2）使用开关电源的电源电路：多见于早期空调器或目前的高档空调器。

二、常见主板设计形式

1. 单冷型空调器使用抽头电机的室内机主板，见图1-1。

3个继电器为抽头电机3个抽头供电

主板设有4个继电器

大继电器为压缩机和室外风机供电

图1-1　中意某款单冷型空调器室内机主板

2. 冷暖型空调器使用抽头电机的室内机主板，见图1-2。

主板设有6个继电器

室外风机继电器

四通阀线圈继电器

大继电器为压缩机供电

3个继电器为抽头电机的3个抽头供电

图1-2　市售的通用板

3. 单冷型空调器使用PG电机的室内机主板，见图1-3。

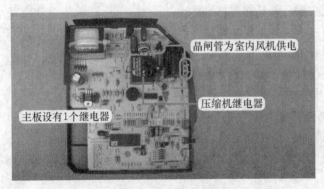

晶闸管为室内风机供电

压缩机继电器

主板设有1个继电器

图1-3　格兰仕某款单冷型空调器室内机主板

4. 冷暖型空调器使用 PG 电机的室内机主板，见图 1-4。

图 1-4　古桥某款冷暖型空调器室内机主板

5. 冷暖型空调器带辅助电加热功能的室内机主板，见图 1-5。

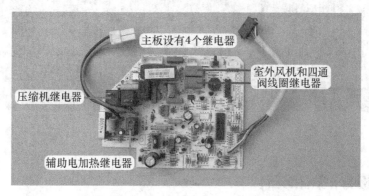

图 1-5　美的某款冷暖型空调器带辅助电加热功能的室内机主板

6. 室内机和室外机均有主板

三菱电机某款空调器室内机和室外机主板见图 1-6。此机室内机和室外机主板均设有 CPU，室内机主板只有 1 个继电器，室外机主板设有压缩机、四通阀线圈、室外风机共 3 个继电器（本机室外机主板室外风机使用光耦晶闸管驱动）。

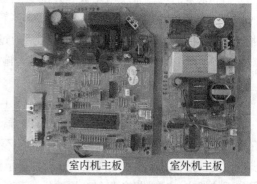

图 1-6　三菱电机某款空调器室内机和室外机主板

7. 室内机设有两块电路板

海尔某款空调器室内机设有两块电路板，见图 1-7。分为强电板和弱电板。电源电路、继电器电路等设计在强电板，CPU 电路、弱电信号处理电路等设计在弱电板。

8. 使用开关电源电路的主板

海尔某款空调器室内机主板设有开关电源电路，见图 1-8。其电控系统中不再设计变压器，其他的单元电路和正常主板相同。

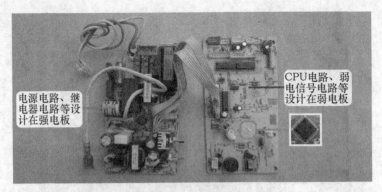

图 1-7　海尔空调器室内机主板

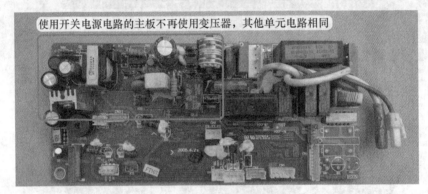

图 1-8　海尔空调器室内机主板

三、主板方框图和元件

1. 室内机主板方框图

一个完整的电控系统由主板和外围负载组成，包括主板、变压器、传感器、室内风机、显示板组件、步进电机、遥控器、接线端子等。主板是电控系统的控制中心，由许多单元电路组成，各种输入信号经主板 CPU 处理后通过输出电路控制空调器整机。主板通常可分为 4 部分电路：即电源电路、CPU 三要素电路、输入电路、输出电路，电路方框图见图 1-9。

2. 室内机主板插座和电子元件

图 1-10 为典型空调器主板实物外形，表 1-1 为主要元器件编号说明。

主板有供电才能工作，为主板供电有电源 L 端输入和电源 N 端输入两个端子；输入部分有室内环温和管温传感器，主板上设有室内环温和管温传感器插座；输出部分有显示板组件、步进电机、PG 电机，相对应的在主板上有显示板组件插座、步进电机插座、PG 电机供电插座、霍尔反馈插座。室外机负载包含压缩机、室外风机、四通阀线圈，相对应的在主板设有压缩机端子、室外风机端子、四通阀线圈端子。

说明：

本机变压器焊在主板上面，因此未设一次绕组和二次绕组插座。

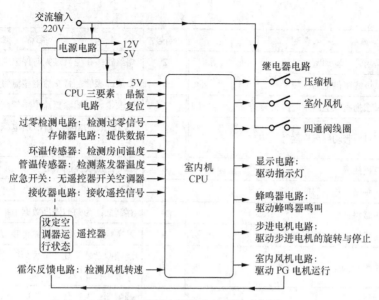

图 1-9　典型空调器电控系统方框图

图 1-10　典型空调器电控系统实物图

表 1-1　　　　　　　　　　　　　　主要元器件编号说明

编号	名称	编号	名称
A	电源相线L输入	RL2	室外风机继电器：控制室外风机的运行与停止
B	电源零线N输入	RL3	四通阀线圈继电器：控制四通阀线圈的运行与停止
C	变压器：将交流220V降低至交流12V左右	S	室外风机引线
D	室内风机：带动贯流风扇运行	T	四通阀线圈引线
E	风机电容：在室内风机启动和运行时使用	1	压敏电阻：在电压过高时保护主板

续表

编号	名称	编号	名称
F	光耦晶闸管：驱动室内风机	2	熔丝管：在电流过大时保护主板
G	室内风机线圈供电插座	3	整流二极管：将交流电整流为直流电
H	霍尔反馈插座：检测室内风机转速	4	滤波电容：滤除直流电中的交流纹波成分
I	步进电机：带动导风板运行	5	5V稳压块7805：输出端电压一直稳定在直流5V
J	步进电机插座	6	CPU：主板控制中心
K	环温传感器：检测房间温度	7	晶振：为CPU提供时钟信号
L	环温传感器插座	8	存储器：为CPU提供数据
M	管温传感器：检测蒸发器温度	9	过零检测三极管：检测过零信号
N	管温传感器插座	10	反相驱动器：反相放大后驱动继电器线圈、步进电机线圈、蜂鸣器
O	显示板组件插座	11	蜂鸣器：发声代表已接收到遥控器信号
P	接线端子：连接室外机电气元器件的供电引线	12	接收器：接收遥控器发出的信号
Q	压缩机引线	13	指示灯：指示空调器的运行状态
RL1	压缩机继电器：控制压缩机的运行与停止	14	按键开关：无遥控器开关空调器

第2节　主要元器件

一、变压器

1.安装位置和作用

见图1-11左图，挂式空调器的变压器安装在室内机电控盒上方的下部位置，柜式空调器的变压器安装在电控盒的左侧或右侧位置。

变压器插座在主板上英文符号为T或TRANS。见图1-11右图，变压器通常为两个插头，大插头为一次绕组（俗称初级线圈），小插头为二次绕组（俗称次级线圈）。变压器工作时将交流220V电压降低到主板需要的电压，内部含有一次绕组和二次绕组两个线圈，一次绕组通过变化的电流，在二次绕组产生感应电动势，因一次绕组匝数远大于二次绕组，所以二次绕组感应的电压为较低电压。

 说明：

如果主板电源电路使用开关电源，则不再使用变压器。

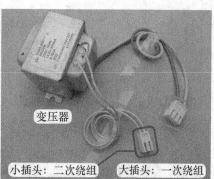

图 1-11　安装位置

2. 测量变压器绕组阻值

示例为格力 KFR-32GW/（32556）FNDe-3 挂式变频空调器上使用的一路输出型变压器，使用万用表电阻挡，测量一次绕组和二次绕组阻值。

（1）测量一次绕组阻值，见图 1-12。

变压器一次绕组使用的铜线线径较细且匝数较多，所以阻值较大，正常约为 $200 \sim 600\Omega$，实测阻值为 332Ω。

一次绕组阻值根据变压器功率的不同，实测阻值也各不相同。柜式空调器使用的变压器功率大，实测时阻值小（某型号柜式空调器变压器一次绕组实测为 203Ω）；挂式空调器使用的变压器功率小，实测时阻值大。

如果实测时阻值为无穷大，说明一次绕组开路故障，常见原因有绕组开路或内部串接的温度保险开路。

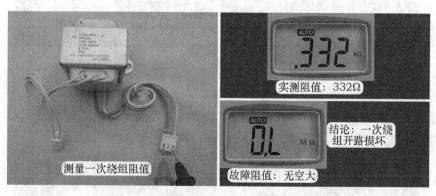

图 1-12　测量一次绕组阻值

（2）测量二次绕组阻值，见图 1-13。

变压器二次绕组使用的铜线线径较粗且匝数较少，所以阻值较小，正常约为 $0.5 \sim 2.5\Omega$，实测阻值为 1.5Ω。

二次绕组短路时阻值和正常阻值相接近，使用万用表电阻挡不容易判断是否损坏。如二次绕组短路故障，常见表现为屡烧熔丝管（俗称保险管）和一次绕组开路，检修时如变压器表面温度过高，检查室内机主板和供电电压无故障后，可直接更换变压器。

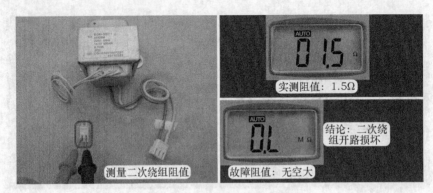

实测阻值：1.5Ω

结论：二次绕组开路损坏

故障阻值：无空大

测量二次绕组阻值

图 1-13　测量二次绕组阻值

3. 测量变压器绕组插座电压

（1）测量变压器一次绕组插座电压

见图 1-14，使用万用表交流电压挡，测量变压器一次绕组插座电压，由于与交流 220V 电源并联，因此正常电压为交流 220V。

如果实测电压为 0V，可以判断变压器一次绕组无供电，表现为整机上电无反应的故障现象，应检查室内机电源接线端子电压和熔丝管阻值。

测量一次绕组电压

正常电压：交流220V

结论：检查室内机电源端子电压和熔丝管阻值

故障电压：交流0V

图 1-14　测量变压器一次绕组插座电压

（2）测量变压器二次绕组插座电压

见图 1-15，变压器二次绕组输出电压经整流滤波后为直流 12V 和 5V 负载供电，使用万用表交流电压挡，实测电压约为交流 15V。

正常电压：约交流15V

结论：在一次绕组电压正常的前提下，为变压器损坏

测量二次绕组电压

故障电压：交流0V

图 1-15　测量变压器二次绕组插座电压

如果实测电压为交流 0V，在变压器一次绕组供电电压正常和负载无短路的前提下，可大致判断变压器损坏。

二、传感器

1. 定频挂式空调器传感器安装位置

（1）室内环温传感器

见图 1-16，室内环温传感器固定在室内机的进风口位置，作用是检测室内房间温度，和遥控器的设定温度相比较，决定室外机的运行与停止。

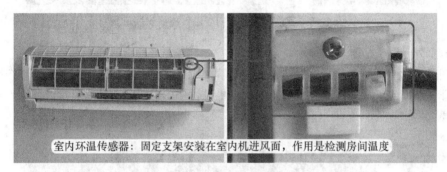

室内环温传感器：固定支架安装在室内机进风面，作用是检测房间温度

图 1-16 室内环温传感器安装位置

（2）室内管温传感器

见图 1-17，室内管温传感器检测孔焊在蒸发器的管壁上，作用是检测蒸发器温度，在制冷系统进入非正常状态时停机保护。

室内管温传感器：检测孔焊在蒸发器管壁，作用是检测蒸发器温度

图 1-17 室内管温传感器安装位置

2. 定频柜式空调器传感器安装位置

（1）室内环温传感器

见图 1-18 左图，室内环温传感器设计在离心风扇罩圈即室内机进风口，作用是检测室内房间温度，以控制室外机的运行与停止。

（2）室内管温传感器

见图 1-18 右图，室内管温传感器设在蒸发器管壁上面，作用是检测蒸发器温度，在制冷系统进入非正常状态（如蒸发器温度过低或过高）时停机进入保护。如果空调器未设计室外管温传感器，则室内管温传感器是制热模式时判断进入除霜程序的重要依据。

图 1-18　室内环温和室内管温传感器安装位置

（3）室外管温传感器

见图 1-19，室外管温传感器设计在冷凝器管壁上面，作用是检测冷凝器温度，在制冷系统进入非正常状态（如冷凝器温度过高）时停机进行保护，同时也是制热模式下进入除霜程序的重要依据。

图 1-19　室外管温传感器安装位置

（4）室外环温传感器

见图 1-20 左图，室外环温传感器设计在冷凝器的进风面，作用是检测室外环境温度，通常与室外管温传感器一起组合成为制热模式下进入除霜程序的依据。

图 1-20　室外环温和压缩机排气传感器安装位置

（5）压缩机排气传感器

见图 1-20 右图，压缩机排气传感器设计在压缩机排气管壁上面，作用是检测压缩机排气管（相当于检测压缩机温度），在压缩机工作在高温状态时停机进行保护。

3. 变频挂式空调器传感器安装位置

（1）室内环温传感器

见图 1-21，室内环温传感器固定在室内机的进风口位置，作用是检测室内房间温度，和遥控器的设定温度相比较，决定压缩机的频率或者室外机的运行与停止。

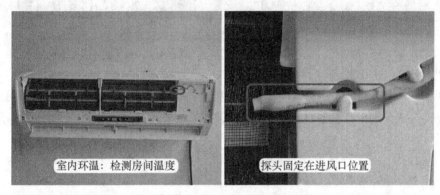

图 1-21　室内环温传感器安装位置

（2）室内管温传感器

见图 1-22，室内管温传感器检测孔焊在蒸发器的管壁上，作用是检测蒸发器温度。

制冷或除湿模式下，室内管温传感器≤ -1℃时，压缩机降频运行，当连续 3min 检测到室内管温传感器≤ -1℃时，压缩机停止运行。

制热模式下，室内管温传感器≥ 55℃时，禁止压缩机频率上升；室内管温传感器≥ 58℃时，压缩机降频运行；室内管温传感器≥ 62℃时，压缩机停止运行。

图 1-22　室内管温传感器安装位置

（3）室外环温传感器

见图 1-23，室外环温传感器的支架固定在冷凝器的进风面，作用是检测室外环境温度。

在制冷和制热模式，决定室外风机转速。在制热模式，与室外管温传感器温度组成进入除霜的条件。

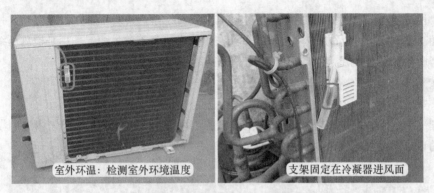

室外环温：检测室外环境温度　　支架固定在冷凝器进风面

图 1-23　室外环温传感器安装位置

（4）室外管温传感器

见图 1-24，室外管温传感器检测孔焊在冷凝器管壁，作用是检测室外机冷凝器温度。

在制冷模式，判定冷凝器过载。室外管温≥70℃，压缩机停机；当室外管温≤50℃时，3min 后自动开机。

在制热模式，与室外环温传感器温度组成进入除霜的条件。空调器运行一段时间（约 40min），室外环温>3℃时，室外管温≤-3℃，且持续 5min；或室外环温<3℃时，室外管温≥7℃，且持续 5min。

在制热模式，判断退出除霜的条件，当室外管温>12℃时或压缩机运行时间超过 8min。

室外管温：检测冷凝器温度　　检测孔焊在冷凝器管壁

图 1-24　室外管温传感器安装位置

（5）压缩机排气传感器

见图 1-25，压缩机排气传感器检测孔固定在排气管上面，作用是检测压缩机排气管温度。

在制冷和制热模式，压缩机排气温度≤93℃，压缩机正常运行；93℃<压缩机排气温度<115℃，压缩机运行频率被强制设定在规定的范围内或者降频运行；压缩机排气温度>115℃，压缩机停机；只有当压缩机排气温度下降到≤90℃时，才能再次开机运行。

4. 探头形式和型号

（1）探头形式

传感器如果根据探头形式区分的话，可分为塑封探头和铜头探头，图 1-26 为格力变频空调器室外机传感器探头形式和型号。

压缩机排气：检测排气管温度　　　检测孔固定在排气管上面

图 1-25　压缩机排气传感器安装位置

　　塑封探头可直接固定相关位置，铜头探头则安装在检测孔内，检测孔焊在蒸发器、冷凝器、压缩机排气管的管壁上。室内环温、室外环温传感器通常使用塑封探头，室内管温、室外管温、压缩机排气传感器通常使用铜头探头。

　　（2）型号

　　传感器型号是以 25℃ 时阻值为依据进行区分，常见有 25℃ /5kΩ、25℃ /10kΩ、25℃ /15kΩ、25℃ /20kΩ 等，压缩机排气传感器型号通常为 25℃ /50kΩ、25℃ /65kΩ。

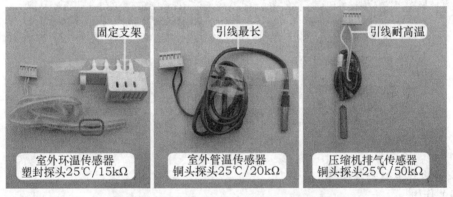

固定支架　　　　　引线最长　　　　　引线耐高温

室外环温传感器　　室外管温传感器　　压缩机排气传感器
塑封探头25℃ /15kΩ　铜头探头25℃ /20kΩ　铜头探头25℃ /50kΩ

图 1-26　格力变频空调器室外机探头形式和型号

5. 测量阻值

　　空调器使用的传感器为负温度系数的热敏电阻，负温度系数是指温度上升时其阻值下降，温度下降时其阻值上升。

　　以型号 25℃ /20kΩ 的管温传感器为例，测量在降温（15℃）、常温（25℃）、加热（35℃）的 3 个温度下，传感器的阻值变化情况。

　　图 1-27 左图为降温（15℃）时测量传感器阻值，实测为 31.4kΩ。

　　图 1-27 中图为常温（25℃）时测量传感器阻值，实测为 20kΩ。

　　图 1-27 右图为加热（35℃）时测量传感器阻值，实测为 13.1kΩ。

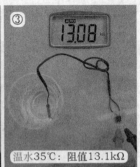

凉水15℃：阻值31.4kΩ　常温25℃：阻值20kΩ　温水35℃：阻值13.1kΩ

图 1-27　测量传感器阻值

三、接收器

1. 安装位置

见图 1-28，显示板组件通常安装在前面板或室内机的右下角，格力 KFR-32GW/（32556）FNDe-3 即凉之静系列空调器，显示板组件使用指示灯＋数码管的方式，安装在前面板，前面板留有透明窗口，称为接收窗，接收器对应安装在接收窗后面。

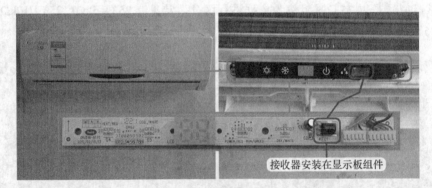

接收器安装在显示板组件

图 1-28　安装位置

2. 实物外形和工作原理

（1）作用

接收器内部含有光敏元件，即接收二极管，见图 1-29。其通过接收窗口接收某一频率范围的红外线，当接收到相应频率的红外线，光敏元件产生电流，经内部 I-V 电路转换为电压，再经过滤波、比较器输出脉冲电压、内部三极管电平转换，接收器的信号引脚输出脉冲信号送至室内机主板 CPU 处理。

接收器对光信号的敏感区由于开窗位置不同而有所不同，且不同角度和距离其接收效果也有所不同；通常光源与接收器的接收面角度越接近直角，接收效果越好，接收距离一般大于 7 米。

接收器实现光电转换，将确定波长的光信号转换为可检测的电信号，因此又叫光电转换器。由于接收器接收的是红外光波，其周围的光源、热源、节能灯、日光灯及发射相近频率的电视机遥控器等，都有可能干扰空调器的正常工作。

图 1-29　分离元件型接收器组成

（2）分类

目前接收器通常为一体化封装，实物外形和引脚功能见图 1-30。接收器工作电压为直流 5V，共有 3 个引脚，功能分别为地、电源（供电 +5V）、信号（输出），外观为黑色，部分型号表面有铁皮包裹，通常和发光二极管（或 LED 显示屏）一起设计在显示板组件。常见接收器型号为 38B、38S、1838，0038 等。

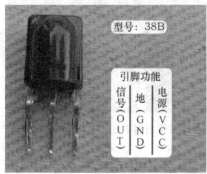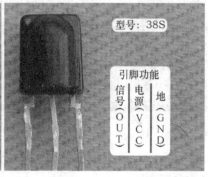

图 1-30　38B 和 38S 接收器

（3）引脚辨别方法

见图 1-31，在维修时如果不知道接收器引脚功能，可查看显示板组件上滤波电容的正极和负极引脚、连接至接收器引脚加以判断：滤波电容正极连接接收器电源（供电）引脚、负极连接地引脚，接收器的最后 1 个引脚为信号（输出）。

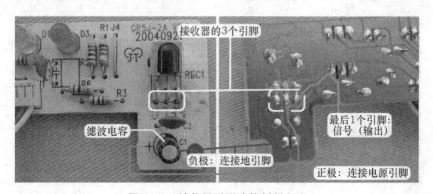

图 1-31　接收器引脚功能判断方法

3．接收器检测方法

接收器在接收到遥控器信号（动态）时，信号引脚（输出）由静态电压 5V 会瞬间下降至约 3V，然后再迅速上升至静态电压。遥控器发射信号时间约 1s，接收器接收到遥控器信号时信号引脚电压也有约 1s 的时间瞬间下降。

见图 1-32，使用万用表直流电压挡，动态测量接收器信号引脚电压，黑表笔接地引脚（GND），红表笔接信号引脚（OUT），检测的前提是电源引脚（5V）电压正常。

（1）接收器信号引脚静态电压，在无信号输入时电压应稳定约为 5V。如果电压一直在 2 ~ 4V 跳动，为接收器漏电损坏，故障表现为有时接收信号有时不能接收信号。

（2）按压按键遥控器发射信号，接收器接收并处理，信号引脚电压瞬间下降（约 1s）至约 3V。如果接收器接收信号时，信号引脚电压不下降即保持不变，为接收器不接收遥控器信号故障，应更换接收器。

（3）松开遥控器按键，遥控器不再发射信号，接收器信号引脚电压上升至静态电压约 5V。

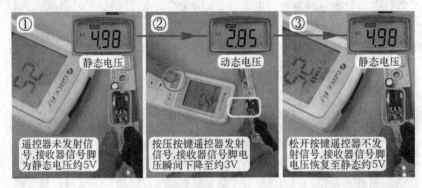

图 1-32　动态测量接收器信号引脚电压

四、室内风机

1．安装位置

见图 1-33，室内风机（PG 电机）安装在室内机右侧，作用是驱动室内贯流风扇。制冷模式下，室内风机驱动贯流风扇运行，强制吸入房间内空气至室内机、经蒸发器降低温度后以一定的风速和流量吹出，来降低房间温度。

图 1-33　安装位置和作用

定频空调器和直流变频空调器的室内风机通常使用交流供电的 PG 电机，全直流变频空调器使用直流供电的电机。

2. PG 电机

（1）实物外形和主要参数

图 1-34 左图为实物外形。PG 电机使用交流 220V 供电，最主要的特征是内部设有霍尔元件，在运行时输出代表转速的霍尔信号，因此共有两个插头，大插头为线圈供电，使用交流电源，作用是使 PG 电机运行；小插头为霍尔反馈，使用直流电源，作用是输出代表转速的霍尔信号。

PG 电机铭牌主要参数见图 1-34 右图。格力 KFR-32GW/（32556）FNDe-3 挂式变频空调器室内风机使用型号为 RPG20J（FN20J-PG），主要参数：工作电压交流 220V、频率 50Hz、功率 20W、4 极、额定电流 0.2A、防护等级 IP20、E 级绝缘。

说明：

绝缘等级按电机所用的绝缘材料允许的极限温度划分，E 级绝缘指电机采用材料的绝缘耐热温度为 120℃。

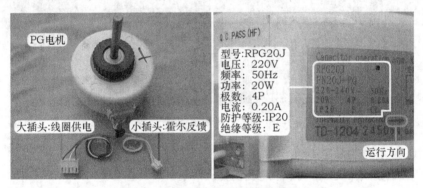

图 1-34　实物外形和铭牌主要参数

（2）内部结构

PG 电机的内部结构见图 1-35。主要由定子（含引线和线圈供电插头）、转子（含磁环和上下轴承）、霍尔电路板（含引线和霍尔反馈插头）、上盖和下盖、上部和下部的减震胶圈组成。

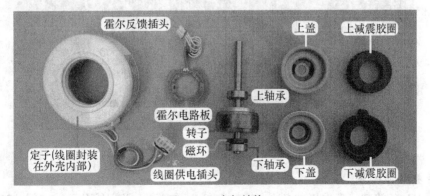

图 1-35　内部结构

3. 使用万用表电阻挡辨认 PG 电机引线

见图 1-38，使用单相交流 220V 供电的电机，内部设有运行绕组和起动绕组，在实际绕制铜线时，由于运行绕组起主要旋转作用，使用的线径较粗，且匝数少，因此阻值小一些；而起动绕组只起起动的作用，使用的线径较细，且匝数多，因此阻值大一些。

每个绕组共有两个接头，两个绕组共有 4 个接头，但在电机内部，将运行绕组和起动绕组的一端连接一起作为公共端，只引出 1 根引线，因此电机共引出 3 根引线或 3 个接线端子。

（1）找出公共端

见图 1-36 左图，逐个测量室内风机的 3 根引线阻值，会得出 3 次不同的结果，实测型号为 RPG20J 的 PG 电机，阻值依次为 934Ω、316Ω、619Ω，其中运行绕组阻值为 316Ω，起动绕组阻值为 619Ω，起动绕组＋运行绕组的阻值为 934Ω。

见图 1-36 右图，在最大的阻值 934Ω 中，表笔接的引线为起动绕组 S 和运行绕组 R，空闲的 1 根引线为公共端（C），本机为白线。

图 1-36　3 次线圈阻值和找出公共端

（2）找出运行绕组和起动绕组

一表笔接公共端白线 C，另一表笔测量另外两根引线阻值。

见图 1-37 左图，阻值小（316Ω）的引线为运行绕组 R，本机为棕线。

见图 1-37 右图，阻值大（619Ω）的引线为起动绕组 S，本机为红线。

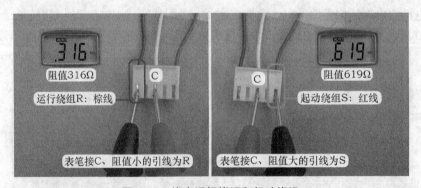

图 1-37　找出运行绕组和起动绕组

4. 查看电机铭牌

见图 1-38，铭牌标有电机的各个信息，包括主要参数，及引线颜色的作用。PG 电机设有两个插头，因此设有两组引线，电机线圈使用 M 表示，霍尔电路板使用电路图表示，各有 3 根引线。

电机线圈：白线只接交流电源，为公共端（C）；棕线接交流电源和电容，为运行绕组（R）；红线只接电容，为起动绕组（S）。

霍尔反馈电路板：棕线 Vcc，为直流供电正极，本机供电电压为 5V；黑线 GND，为直流供电公共端地；白线 Vout，为霍尔信号输出。

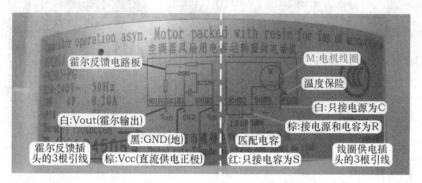

图 1-38　根据铭牌标识判断引线功能

5. 霍尔工作原理

见图 1-39，PG 电机内部的转子上装有磁环，霍尔电路板上的霍尔与磁环在空间位置上相对应。

PG 电机转子旋转时带动磁环转动，霍尔将磁环的感应信号转化为高电平或低电平的脉冲电压，由输出脚输出至主板 CPU；转子旋转一圈，霍尔会输出一个脉冲信号电压或几个脉冲信号电压（厂家不同，脉冲信号数量不同）。CPU 根据脉冲电压（即霍尔信号）计算出电机的实际转速，与目标转速相比较，如有误差则改变光耦晶闸管（俗称光耦可控硅）的导通角，从而改变 PG 电机的转速，使实际转速与目标转速相对应。

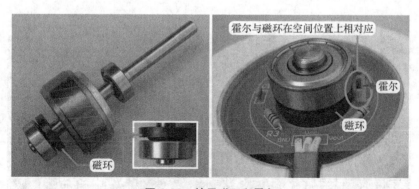

图 1-39　转子磁环和霍尔

五、室外风机

1. 安装位置

室外风机安装在室外机左侧的固定支架，见图 1-40，作用是驱动室外风扇。制冷模式下，室外风机驱动室外风扇运行，强制吸收室外自然风为冷凝器散热，因此室外风机也称为"轴流电机"。

定频和交流、直流变频空调器室外风机通常使用交流供电的电机，全直流变频空调器使用直流供电的电机。

图 1-40　室外风机安装位置

2. 单速交流电机实物外形

电机实物外形见图 1-41 左图，单一风速，共有 4 根引线；其中 1 根为地线，接电机外壳，另外 3 根为线圈引线。

图 1-41 右图为铭牌参数含义，型号为 YDK35-6K（FW35X）。主要参数：工作电压交流 220V、频率 50Hz、功率 35W、额定电流 0.3A、转速 850 转 / 分钟（r/min）、6 极、B 级绝缘。

> **说明：**
> B 级绝缘指电机采用材料的绝缘耐热温度为 130℃。

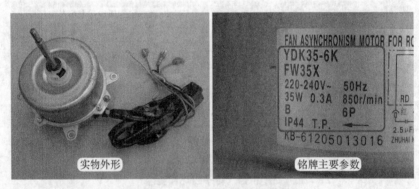

图 1-41　实物外形和铭牌主要参数

3. 引线作用辨认方法

（1）根据实际接线判断引线功能

见图 1-42，室外风机线圈共有 3 根引线：黑线只接接线端子上电源 N 端（1 号），为公共端（C）；棕线接电容和电源 L 端（5 号），为运行绕组（R）；红线只接电容，为起动绕组（S）。

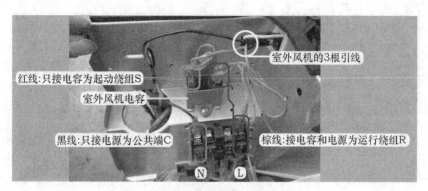

图 1-42　根据实际接线判断引线功能

（2）根据电机铭牌标识或电气接线图判断引线功能

电机铭牌贴于室外风机表面，通常位于上部，检修时能直接查看。见图 1-43 左图，铭牌主要标识室外风机的主要信息，其中包括电机线圈引线的功能，黑线（BK）只接电源为公共端（C），棕线（BN）接电容和电源为运行绕组（R），红线（RD）只接电容为起动绕组（S）。

电气接线图通常贴于室外机接线盖内侧或顶盖右侧。见图 1-43 右图，通过查看电气接线图，也能区别电机线圈的引线功能。黑线只接电源 N 端为公共端（C）、棕线接电容和电源 L 端（5 号）为运行绕组（R）、红线只接电容为起动绕线（S）。

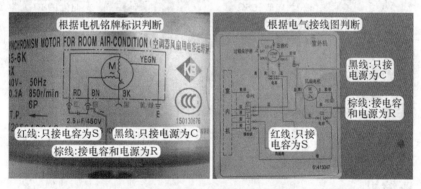

图 1-43　根据铭牌标识和室外机电气接线图判断引线功能

（3）使用万用表电阻挡测量线圈阻值

见图 1-44 左图，逐个测量室外风机线圈的 3 根引线阻值，会得出 3 次不同的结果，YDK35-6K（FW35X）电机实测阻值依次为 463Ω、265Ω、198Ω，阻值关系为 463=198+265，即最大阻值 463Ω 为起动绕组＋运行绕组的总数。

① 找出公共端

见图 1-44 右图，在最大的阻值 463Ω 中，表笔接的引线为起动绕组和运行绕组，空闲的 1 根引线为公共端（C），本机为黑线。

说明：

　　测量室外风机线圈阻值时，应当用手扶住室外风扇再测量，可防止因扇叶转动、电机线圈产生感应电动势干扰万用表显示数据。

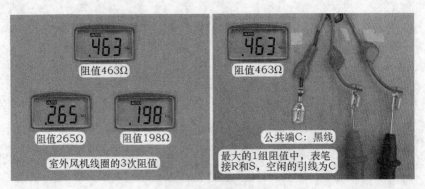

图 1-44　3 次线圈阻值和找出公共端

② 找出运行绕组和起动绕组

一表笔接公共端（C），另一表笔测量另外两根引线阻值，通常阻值小的引线为运行绕组（R）、阻值大的引线为起动绕组（S）。但本机实测阻值大（265Ω）的棕线为运行绕组（R），见图 1-45 左图；阻值小（198Ω）的红线为起动绕组（S），见图 1-45 右图。

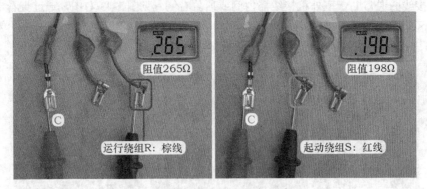

图 1-45　找出运行绕组和起动绕组

六、压缩机

1. 安装位置和作用

压缩机是制冷系统的心脏，将低温低压的气体压缩成为高温高压的气体。压缩机由电机部分和压缩部分组成。电机通电后运行，带动压缩部分工作，使吸气管吸入的低温低压制冷剂气体变为高温高压气体。

见图 1-46 左图，压缩机安装在室外机右侧，固定在室外机底座。其中压缩机接线端子连接电控系统，吸气管和排气管连接制冷系统。

图 1-46 右图为旋转式压缩机实物外形，设有吸气管、排气管、接线端子、储液瓶（又称气液分离器、储液罐）等接口。

2. 分类

（1）按机械结构分类

压缩机常见形式有 3 种：活塞式、旋转式、涡旋式，本小节重点介绍旋转式压缩机。

图 1-46 安装位置和实物外形

（2）按汽缸个数分类

见图 1-47，旋转式压缩机按汽缸个数不同，可分为单转子压缩机和双转子压缩机。单转子压缩机只有 1 个汽缸，多使用在早期和目前的大多数空调器中，其底部只有 1 根进气管；双转子压缩机设有两个汽缸，多使用在目前的高档或功率较大的空调器，其底部设有两根进气管，双转子相对于单转子压缩机，在增加制冷量的同时又降低运行噪音。

图 1-47 单转子压缩机和双转子压缩机

（3）按供电电压分类

见图 1-48，压缩机根据供电的不同，可分为交流供电和直流供电两种，而交流供电又分为交流 220V 和交流 380V 两种。交流 220V 供电压缩机常见于 1～3P 定频空调器，交流 380V 供电压缩机常见于 3～5P 定频空调器，直流供电压缩机通常见于直流或全直流变频空调器，早期变频空调器使用交流供电压缩机。

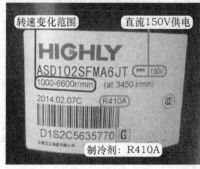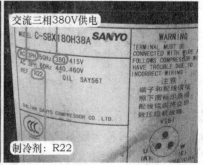

图 1-48 直流和交流供电压缩机铭牌

（4）按电机转速分类

见图 1-49，压缩机按电机转速不同，可分为定频和变频两种。定频压缩机其电机一直以
1 种转速运行，变频压缩机转速则根据制冷系统要求按不同转速运行。

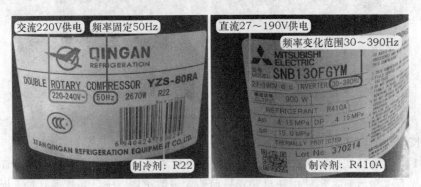

图 1-49　定频和变频压缩机铭牌

（5）按制冷剂分类

压缩机根据采用的制冷剂不同，常见分为 R22 和 R410A，R22 型压缩机常见于定频空调
器中，R410A 型压缩机常见于变频空调器中。

3. 引线作用辨认方法

常见有 3 种方法，即根据压缩机引线实际所接元件、使用万用表电阻挡测量线圈引线或
接线端子阻值、根据压缩机接线盖或垫片标识。

（1）根据实际接线判断引线功能

压缩机定子上的线圈共有 3 根引线，上盖的接线端子也只有 3 个，因此连接电控系统的
引线也只有 3 根。

见图 1-50，黑线只接接线端子上电源 L 端（2 号），为公共端（C）；蓝线接电容和电源
N 端（1 号），为运行绕组（R）；黄线只接电容，为起动绕组（S）。

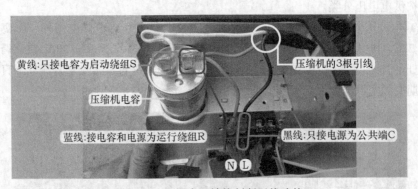

图 1-50　根据实际接线判断引线功能

（2）根据压缩机接线盖或垫片标识判断引线功能

见图 1-51 左图，压缩机接线盖或垫片（使用耐高温材料）上标有"C、R、S"字样，表
示为接线端子的功能：C 为公共端、R 为运行绕组、S 为起动绕组。

将接线盖对应接线端子，或将垫片安装在压缩机上盖的固定位置，见图 1-51 右图，观察

接线端子：对应标有"C"的端子为公共端、对应标有"R"的端子为运行绕组、对应标有"S"的端子为起动绕组。

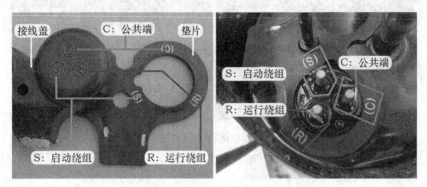

图 1-51　根据接线盖标识判断端子功能

（3）使用万用表电阻挡测量线圈端子阻值

见图 1-52 左图，逐个测量压缩机的 3 个接线端子阻值，会得出 3 次不同的结果，上海日立 SD145UV-H6AU 压缩机在室外温度约 15℃时，实测阻值依次为 7.3Ω、4.1Ω、3.2Ω，阻值关系为 7.3=4.1+3.2，即最大阻值 7.3Ω 为运行绕组 + 起动绕组的总数。

① 找出公共端

见图 1-52 右图，在最大的阻值 7.3Ω 中，表笔接的端子为起动绕组和运行绕组，空闲的 1 个端子为公共端（C）。

 说明：

　　判断接线端子的功能时，实测时应测量引线，而不用再打开接线盖、拔下引线插头去测量接线端子，只有更换压缩机或压缩机连接线，才需要测量接线端子的阻值以确定功能。

图 1-52　3 次线圈阻值和找出公共端

② 找出运行绕组和起动绕组

一表笔接公共端（C），另一表笔测量另外两个端子阻值，通常阻值小的端子为运行绕组（R）、阻值大的端子为起动绕组（S）。但本机实测阻值大（4.1Ω）的端子为运行绕组（R），见图 1-53 左图；阻值小（3.2Ω）的端子为起动绕组（S），见图 1-53 右图。

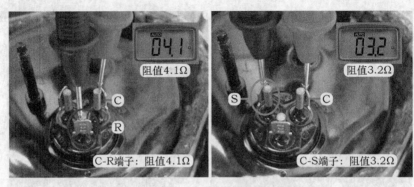

图 1-53 找出运行绕组和起动绕组

第 ❷ 章
室内机常见故障

第1节　电源电路和传感器电路故障

一、变压器一次绕组开路

故障说明：格力 KFR-23GW/（23570）Aa-3 挂式空调器，用户反映上电无反应。

1. 扳动导风板至中间位置上电试机

见图 2-1，用手将风门叶片（导风板）扳到中间位置，再将空调器通上电，上电后导风板不能自动复位，判断空调器或电源插座有故障。

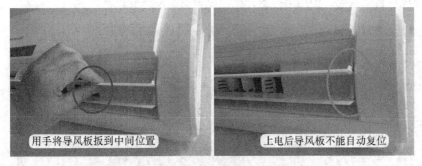

用手将导风板扳到中间位置　　　　上电后导风板不能自动复位

图 2-1　将导风板扳到中间位置后上电试机

2. 测量插座电压和电源插头阻值

见图 2-2 左图，使用万用表交流电压挡，测量电源插座电压为交流 220V，说明电源供电正常，故障在空调器。

见图 2-2 右图，使用万用表电阻挡，测量电源插头 L-N 阻值，实测为无穷大，而正常阻值约 500Ω，确定故障在室内机。

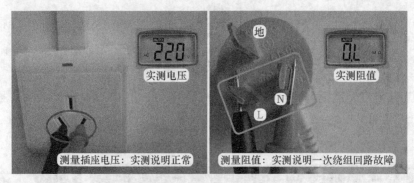

图 2-2 测量插座电压和电源插头阻值

3. 测量熔丝管和一次绕组阻值

见图 2-3，使用万用表电阻挡，测量 3.15A 熔丝管（俗称保险管）FU101 阻值为 0Ω，说明熔丝管正常；测量变压器一次绕组阻值，实测为无穷大，说明变压器一次绕组开路损坏。

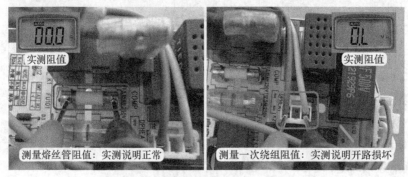

图 2-3 测量熔丝管和一次绕组阻值

维修措施：见图 2-4，更换变压器。更换后上电试机，将空调器插头插入电源，蜂鸣器响一声后导风板自动关闭，使用遥控器开机，空调器制冷恢复正常。

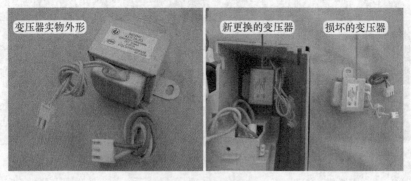

图 2-4 更换变压器

二、压缩机继电器端子引线插反

故障说明：科龙 KFR-26GW/N2F 空调器因主板损坏，更换主板后上电试机整机不工作，导风板不能自动复位，测量插座交流 220V 电压正常。

1．测量插头和变压器一次绕组阻值

见图 2-5 左图，使用万用表电阻挡，测量电源插头 L-N 阻值，实测结果为无穷大，说明变压器一次绕组回路有故障，应测量一次绕组和电源连接线阻值。

取下室内机外壳，目测室内机主板上熔丝管正常，为区分故障部位，依旧使用万用表电阻挡，见图 2-5 右图，测量变压器一次绕组插头阻值，实测结果为 488Ω，说明变压器一次绕组正常。

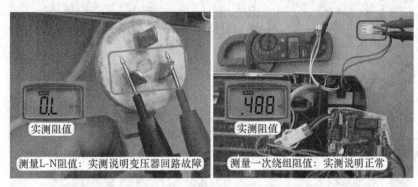

图 2-5　测量插头和一次绕组阻值

2．测量电源插头 L、N 端子在主板上的引线阻值

见图 2-6，使用万用表电阻挡，目的是为了判断电源线是否正常。电源线正常时阻值为 0Ω；如阻值为无穷大，说明电源线损坏。本例实测结果说明电源线正常。

 说明：

插头 N 端对应引线为蓝线，L 端对应引线为棕线。

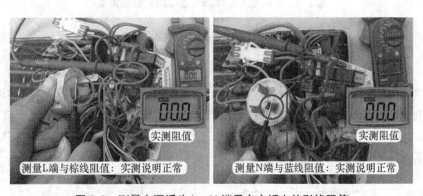

图 2-6　测量电源插头 L、N 端子在主板上的引线阻值

3．测量压缩机继电器两个端子引线与熔丝管阻值

压缩机两个端子的引线分别为电源 L 棕线和压缩机引线，主板供电所需的电源相线（L 线）就是由压缩机继电器端子上引入的。

使用万用表电阻挡，见图 2-7，测量电源 L 棕线与熔丝管的阻值为无穷大、压缩机引线与熔丝管的阻值为 0Ω，而正常为电源 L 棕线与熔丝管阻值为 0Ω、压缩机引线与熔丝管阻值为无穷大，说明有故障，仔细查看为压缩机引线与电源 L 棕线在压缩机继电器端子上的位置插反。

图 2-7　测量压缩机 2 个端子与熔丝管阻值

维修措施：见图 2-8，对调压缩机继电器上压缩机引线与电源 L 棕线的位置，再次测量电源插头 L、N 阻值，为 589Ω（增加的约 100Ω 为串联在变压器一次绕组的 PTC 电阻阻值）。将空调器通上电，导风板自动闭合，使用遥控器开机，室内机和室外机开始运行，故障排除。

图 2-8　对调电源 L 棕线位置和测量插头阻值

三、7812 稳压块损坏

故障说明：东洋 KFR-35GW/D 挂式空调器，用户反映上电无反应，上门检查整机不工作，导风板不能自动复位，测量空调器插头阻值为 294Ω，测量插座交流 220V 电压正常，说明变压器正常。导风板不能自动复位说明 CPU 没有工作，应当测量工作电压 5V 是否正常，图 2-9 为电源电路原理图。

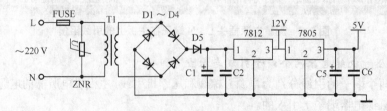

图 2-9　东洋 KFR-35GW/D 电源电路原理图

1. 测量直流 5V 电压

见图 2-10 左图，使用万用表直流电压挡，黑表笔接 7805 的表面铁壳（铁壳为地端，相当于接②脚），红表笔接③脚输出端，正常电压为 5V，实测电压为 0V，应当测量①脚输入端电压是否正常。

2. 测量直流 12V 电压

见图 2-10 右图，使用万用表直流电压挡，黑表笔不动，红表笔测量 7805 的①脚输入端，电压由 7812 输出端直接供给，正常为 12V，实测电压为 0V，应当测量 7812 输入端电压是否正常。

图 2-10　测量 5V 和 12V 电压

3. 测量 7812 输入端电压

见图 2-11 左图，使用万用表直流电压挡，黑表笔不动（7805 和 7812 的铁壳都是接地，在主板上是相通的），红表笔接 7812 的①脚输入端，此电压由变压器二次绕组经整流和滤波电路提供，正常约为 16V，实测为 18V，说明前级整流电路正常，为 7812 损坏或 12V 负载有短路故障。

4. 测量 12V 对地阻值

见图 2-11 右图，断开空调器电源，使用万用表电阻挡，黑表笔不动仍旧接地，红表笔接 7812 的③脚输出端，正常阻值为数十千欧，实测结果说明 12V 对地阻值正常，排除负载短路故障，可大致判断 7812 损坏。

图 2-11　测量 7812 ①脚输入端电压和③脚输出端对地阻值

> **说明：**
>
> 12V 对地阻值，主板不同结果也不相同，图中数值为实测结果。

5. 短接 7812 的①脚和③脚

将空调器通上电，使用引线短接 7812 的①脚输入端和③脚输出端，见图 2-12，同时使用万用表直流电压挡，黑表笔接 7805 的②脚地，红表笔接③脚输出端，实测电压为 5V，因而确定 7812 损坏。

图 2-12　短接 7812 的①脚输入端和③脚输出端时测量 5V 电压

维修措施：更换 7812 稳压块，见图 2-13，上电开机后导风板自动关闭，测量 7812 ③脚输出端电压为 12V，7805 ③脚输出端电压为 5V，遥控器开机，空调器开始运行，制冷恢复正常。

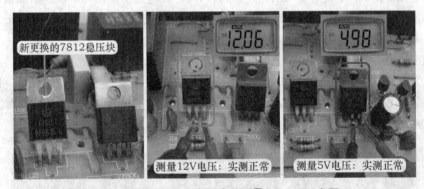

图 2-13　更换 7812 稳压块和测量 12V、5V 电压

四、管温传感器阻值变小损坏

故障说明：海信 KFR-25GW 挂式空调器，遥控器开机后室内风机运行，但压缩机和室外风机均不运行，显示板组件上的"运行"指示灯也不亮。在室内机接线端子上测量压缩机和室外风机电压为交流 0V，说明室内机主板未输出供电。开机后"运行"指示灯不亮，说明输入部分电路出现故障，CPU 检测后未向继电器电路输出控制电压，因此应检查传感器电路。

1. 测量环温和管温传感器插座分压点电压

见图 2-14，使用万用表直流电压挡，将黑表笔接地（本例实接复位集成块 34064 的地脚），红表笔接插座分压点测量电压（此时房间温度约 25℃），结果应均接近 2.5V，实测环温分压点为 2.4V，而管温分压点为 4.1V，结果说明环温传感器电路正常，应重点检查管温传感器。

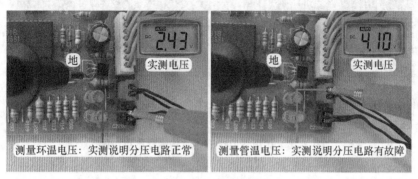

图 2-14　测量环温和管温传感器插座分压点电压

2. 测量管温传感器阻值

见图 2-15，断电并将管温传感器从蒸发器检测孔抽出（防止蒸发器温度影响测量结果），并等待一定的时间，使传感器表面温度接近房间温度，再使用万用表电阻挡，测量插头阻值，正常应接近 5kΩ，实测约 1kΩ，说明管温传感器阻值变小损坏。

 说明：

> 本例空调器传感器使用型号为 25℃ /5kΩ。

图 2-15　测量管温传感器阻值

维修措施：更换管温传感器，见图 2-16，更换后上电测量管温传感器分压点电压为直流 2.5V，和环温传感器相同，遥控器开机后，显示板组件上的"电源、运行"指示灯点亮，室外风机和压缩机运行，空调器制冷恢复正常。

应急措施：在夏季维修时，如果暂时没有配件更换，而用户又十分着急使用，见图 2-17，可以将环温与管温传感器插头互换，并将环温传感器探头插在蒸发器内部，管温传感器探头放在检测温度的支架上。开机后空调器能应急制冷，但没有温度自动控制功能（即空调器不停机一直运行），应告知用户待房间温度下降到一定值时，使用遥控器关机或拔下空调器电源插头。

图 2-16　更换管温传感器后测量分压点电压

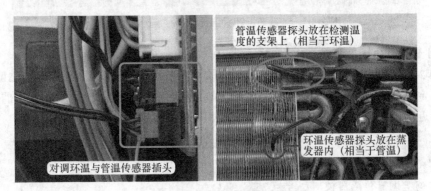

图 2-17　对调环温和管温传感器插头

五、管温传感器阻值变大损坏

故障说明：美的 KFR-50LW/DY-GA（E5）柜式空调器，用户反映开机后刚开始制冷正常，但约 3min 后不再制冷，室内机吹自然风。

1. 检查室外风机和测量压缩机电压

上门检查，将遥控器设定制冷模式 16℃开机，空调器开始运行，室内机出风较凉。运行 3min 左右不制冷的常见原因为室外风机不运行、冷凝器温度升高导致压缩机过载保护所致。

见图 2-18 左图，检查室外机，将手放在出风口部位感觉室外风机运行正常，手摸冷凝器表面温度不高，下部接近常温，排除室外机通风系统引起的故障。

见图 2-18 右图，使用万用表交流电压挡，测量压缩机和室外风机电压，在室外机运行时均为交流 220V，但约 3min 后电压均变为 0V，同时室外机停机，室内机吹自然风，说明不制冷故障由电控系统引起。

2. 测量传感器电路电压

检查电控系统故障时应首先检查输入部分的传感器电路，使用万用表直流电压挡，见图 2-19 左图，黑表笔接 7805 散热片铁壳地，红表笔接室内环温传感器 T1 的 2 根白线插头测量电压，公共端为 5V、分压点为 2.4V，初步判断室内环温传感器正常。

图 2-18　感觉室外机出风口和测量压缩机电压

见图 2-19 右图，黑表笔接地、红表笔改接室内管温传感器 T2 的 2 根黑线插头测量电压，公共端为 5V、分压点约为 0.4V，说明室内管温传感器电路出现故障。

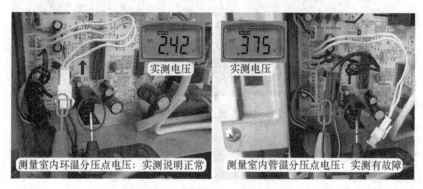

图 2-19　测量传感器分压点电压

3. 测量传感器阻值

分压电路由传感器和主板的分压电阻组成，为判断故障部位，使用万用表电阻挡，见图 2-20，拔下管温传感器插头，测量室内管温传感器阻值约 100kΩ，测量型号相同、温度接近的室内环温传感器阻值约为 8.6kΩ，说明室内管温传感器阻值变大损坏。

图 2-20　测量传感器阻值

> **说明：**
> 本机室内环温、室内管温、室外管温传感器型号均为 25℃ /10kΩ。

4. 安装配件传感器

见图 2-21，由于暂时没有同型号的传感器更换，因此使用市售的维修配件代换，选择 10kΩ 的铜头传感器，在安装时由于配件探头比原机传感器小，安装在蒸发器检测孔时感觉很松，即探头和管壁接触不紧固，解决方法是取下检测孔内的卡簧，并按压弯头部位使其弯曲面变大，这样配件探头可以紧贴在蒸发器检测孔。

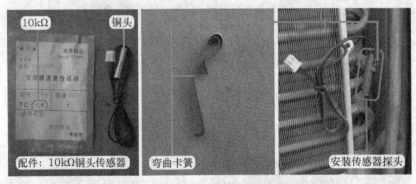

图 2-21　配件传感器和安装传感器探头

见图 2-22，由于配件传感器引线较短，因此还需要使用原机的传感器引线，方法是取下原机的传感器，将引线和配件传感器引线相连，使用防水胶布包扎接头，再将引线固定在蒸发器表面。

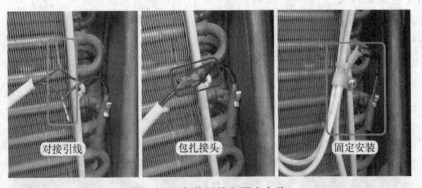

图 2-22　包扎引线和固定安装

维修措施：更换管温传感器。更换后在待机状态测量室内管温传感器分压点电压约为直流 2.2V，和室内环温传感器接近。使用遥控器开机，室外风机和压缩机一直运行，空调器也一直制冷，故障排除。

总结：

由于室内管温传感器阻值变大，相当于蒸发器温度很低，室内机主板 CPU 检测后进入制冷防结冰保护，因而 3min 后停止室外风机和压缩机供电。

第 2 节　按键电路和接收器电路故障

一、按键开关漏电

故障说明：格力 KFR-50GW/K（50513）B-N4 挂式空调器，通上电一段时间以后，见图 2-23，在不使用遥控器的情况下，蜂鸣器响一声，空调器自动启动，显示板组件上显示设定温度为 25℃，室内风机运行。约 30s 后蜂鸣器响一声，显示板组件显示窗熄灭，空调器自动关机，但 20s 后，蜂鸣器再次响一声，显示窗显示为 25℃，空调器又处于开机状态。如果不拔下空调器的电源插头，将反复的进行开机和关机操作指令，同时空调器不制冷。有时候由于频繁的开机和关机，压缩机也频繁的启动，引起电流过大，自动开机后会显示"E5"（低电压过电流故障）的故障代码。

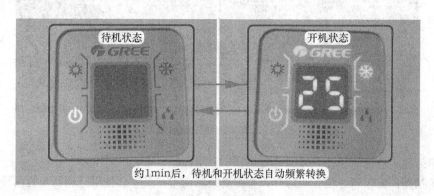

图 2-23　故障现象

1. 测量应急开关按键引线电压

空调器开关机有两种控制程序：一是使用遥控器控制；二是主板应急开关电路。本例维修时取下遥控器的电池，遥控器不再发送信号，空调器仍然自动开关机，排除遥控器引起的故障，应检查应急开关电路。见图 2-24 左图，本机应急开关按键安装在显示板组件，通过引线（代号 key）连接至室内机主板。

使用万用表直流电压挡，见图 2-24 右图，黑表笔接显示板组件 DISP1 插座上 GND（地）引针、红表笔接 DISP2 插座上 key（连接应急开关按键）引针，正常电压在未按压应急开关按键时应为稳定的直流 5V，而实测电压为 1.3 ～ 2.5V 跳动变化，说明应急开关电路有漏电故障。

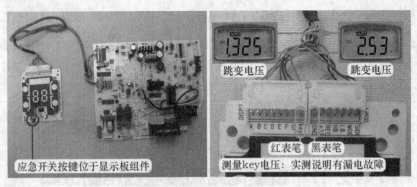

图 2-24　测量按键引线电压

2. 测量应急开关按键引脚阻值

　　为判断故障是显示板组件上的按键损坏，还是室内机主板上的瓷片电容损坏，拔下室内机主板和显示板组件的两束连接插头，见图 2-25 左图，使用万用表电阻挡测量显示板组件 GND 与 key 引针阻值，正常时未按下按键时阻值应为无穷大，而实测约为 4kΩ，初步判断应急开关按键损坏。

　　为准确判断，使用烙铁焊下按键，见图 2-25 右图，使用万用表电阻挡单独测量按键开关引脚，正常阻值应为无穷大，而实测约为 5kΩ，确定按键开关漏电损坏。

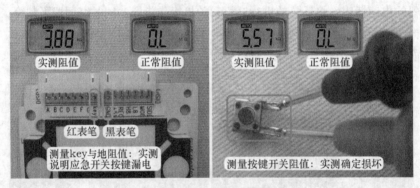

图 2-25　测量按键阻值

　　维修措施：更换应急开关按键或更换显示板组件。

　　应急措施：如果暂时没有应急开关按键更换，而用户又着急使用空调器，有两种方法。

　　1. 见图 2-26 左图，取下应急开关按键不用安装，这样对空调器没有影响，只是少了应急开机和关机的功能，但使用遥控器可正常控制。

　　2. 见图 2-26 右图，取下室内机主板与显示板组件连接线中 key 引线，并使用胶布包扎做好绝缘，也相当于取下了应急开关按键。

　　总结：

　　　应急开关按键漏电损坏，引起自动开关机故障，在维修中所占比例很大，此故障通常由应急开关按键漏电引起，维修时可直接更换试机。

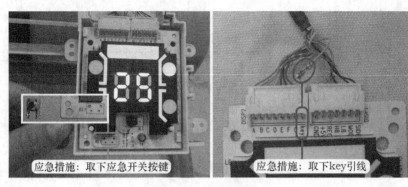

图 2-26　应急维修措施

二、按键内阻增大损坏

故障说明：美的 KFR-50LW/DY-GA（E5）柜式空调器，用户反映遥控器控制正常，但按键不灵敏，有时候不起作用需要使劲按压，有时候按压时功能控制混乱，见图 2-27。比如按压模式按键时，显示屏左右摆风图标开始闪动，实际上是辅助功能按键在起作用；比如按压风速按键时，显示屏显示锁定图标，再按压其他按键均不起作用，实际上是锁定按键在起作用。

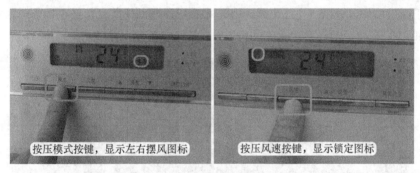

图 2-27　按键控制混乱

1. 工作原理

电路原理图见图 2-28。功能按键设有 8 个，而 CPU 只有㉖脚共 1 个引脚检测按键，基本工作原理为分压电路，本机上分压电阻为 R38，按键和串联电阻为下分压电阻，CPU ㉖脚根据电压值判断按下按键的功能，从而对整机进行控制，按键状态与 CPU 引脚电压对应关系见表 2-1。

比如㉖脚电压为 2.5V 时，CPU 通过计算得出温度"上调"键被按压一次，控制显示屏的设定温度上升一度，同时与室内环温传感器温度相比较，控制室外机负载的工作与停止。

表 2-1　　　　　　　　　　　按键状态与 CPU 引脚电压对应关系

名称	开/关	模式	风速	上调	下调	辅助功能	锁定	试运行
英文	SWITCH	MODE	SPEED	UP	DOWN	ASSISTANT	LOCK	TEST
CPU电压	0V	3.96V	1.7V	2.5V	3V	4.3V	2V	3.6V

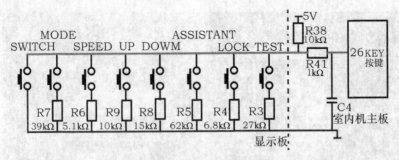

图 2-28　按键电路原理图

2. 测量 KEY 电压和按键阻值

见图 2-29 左图。使用万用表直流电压挡，黑表笔接 7805 散热片铁壳地、红表笔接主板上显示板插座中 KEY（按键）对应的白线测量电压，在未按压按键时约为 5V，按压风速按键时电压在 1.7 ～ 2.2V 上下跳动变化，同时显示板显示锁定图标，说明 CPU 根据电压判断为锁定按键被按下，确定按键电路出现故障。

按键电路常见故障为按键损坏，见图 2-29 右图。断开空调器电源，使用万用表电阻挡，测量按键阻值，在未按压按键时，阻值为无穷大，而在按压按键时，正常阻值为 0Ω，而实测阻值在 100 ～ 600kΩ 上下变化，且使劲按压按键时阻值会明显下降，说明按键内部触点有锈斑，当按压按键时触点不能正常导通，锈斑产生阻值和下分压电阻串联，与上分压电阻 R38 进行分压，由于阻值增加，分压点电压上升，CPU 根据电压判断为其他按键被按下，因此按键控制功能混乱。

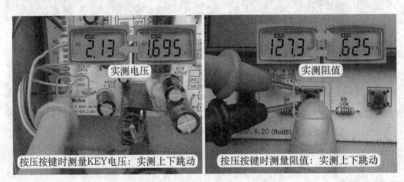

图 2-29　测量按键电压和阻值

维修措施：见图 2-30。按键内阻变大一般由湿度大引起，而按键电路的 8 个按键处于相同环境下，因此应将按键全部取下，更换 8 个相同型号的按键。

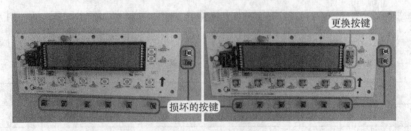

图 2-30　更换按键

更换后使用万用表电阻挡测量按键阻值，见图 2-31 左图。未按压按键时阻值为无穷大，轻轻按压按键时阻值由无穷大变为 0Ω。

将空调器通上电，使用万用表直流电压挡，见图 2-31 右图。测量主板和显示板连接线插座 KEY 按键白线电压，未按压按键时为 5V，按压风速按键时电压稳压约为 1.7V，不再上下跳动变化，蜂鸣器响一声后，显示屏风速图标变化，同时室内风机转速也随之变化，说明按键控制正常，故障排除。

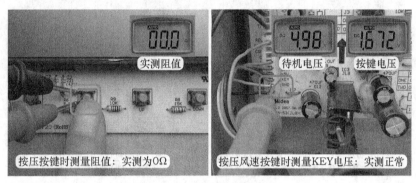

图 2-31　测量按键阻值和电压

三、接收器损坏

故障说明：格力 KFR-72LW/NhBa-3 柜式空调器，用户使用遥控器不能控制空调器，使用按键控制正常。

1. 按压按键和检查遥控器

上门检查，按压遥控器上开关按键，室内机没有反应。见图 2-32 左图，按压前面板上开关按键，室内机按自动模式开机运行，说明电路基本正常，故障在遥控器或接收器电路。

见图 2-32 右图，使用手机摄像头检查遥控器，方法是打开手机的相机功能，将遥控器发射头对准手机摄像头，按压遥控器按键的同时观察手机屏幕，遥控器正常时在手机屏幕上能观察到发射头发出的白光，损坏时不会发出白光，本例检查能看到白光，说明遥控器正常，故障在接收器电路。

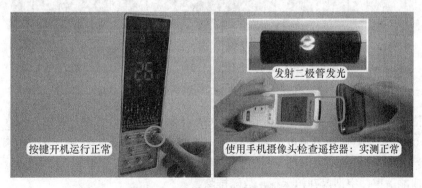

图 2-32　按键开机和检查遥控器

2. 测量电源和信号电压

见图 2-33 左图，本机接收器电路位于显示板，使用万用表直流电压挡，黑表笔接接收器外壳铁壳地，红表笔接②脚电源引脚测量电压，实测为 4.8V，说明电源供电正常。

见图 2-33 右图，黑表笔不动依旧接地，红表笔改接①脚信号引脚测量电压，在静态即不接收遥控器信号时实测约 4.4V；按压开关按键，遥控器发射信号，同时测量接收器信号引脚即动态测量电压，实测仍约为 4.4V，未有电压下降过程，说明接收器损坏。

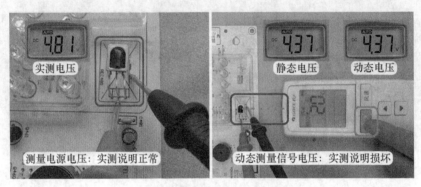

图 2-33　测量电源和信号电压

3. 代换接收器

本机接收器型号为 19GP，暂时没有相同型号接收器，使用常见的 0038 接收器代换，见图 2-34。方法是取下 19GP 接收器，查看焊孔功能：①脚为信号、②脚为电源、③脚为地。0038 接收器引脚功能：①脚为地、②脚为电源、③脚为信号。可见两个接收器的①脚和③脚功能相反，代换时应将引脚掰弯，按功能插入显示板焊孔，使之与焊孔功能相对应，安装后应注意引脚之间不要短路。

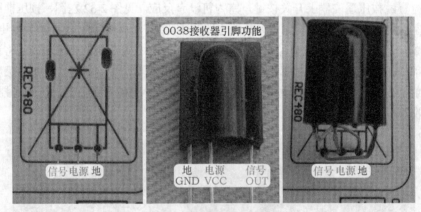

图 2-34　代换接收器

维修措施：见图 2-35，使用 0038 接收器代换 19GP 接收器。代换后使用万用表直流电压挡，测量 0038 接收器电源引脚电压为 4.8V，信号引脚静态电压为 4.9V，按压开关按键遥控器发射信号，接收器接收信号即动态时信号引脚电压下降至约 3V（约 1s），然后再上升至 4.9V，同时蜂鸣器响一声，空调器开始运行，故障排除。

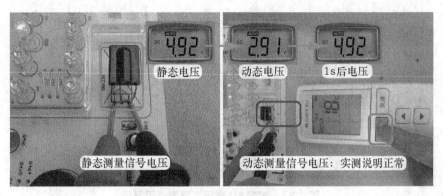

图 2-35　测量接收器信号电压

四、接收器受潮

故障说明：格力某型号挂式空调器，遥控器不起作用，使用手机摄像功能检查遥控器正常，按压应急开关按键，可"自动模式"运行，说明室内机主板电路基本工作正常，判断故障在接收器电路。

1. 测量接收器信号和电源引脚电压

见图 2-36 左图，使用万用表直流电压挡，黑表笔接接收器地引脚（或表面铁壳）、红表笔接信号引脚测量电压，实测约 3.5V，而正常为约 5V，确定接收器电路有故障。

见图 2-36 右图，红表笔接电源引脚测量电压，实测约 3.5V，和信号引脚电压基本相等，确定电源供电有故障。

常见故障原因有两个：一是 5V 供电电路有故障；二是接收器漏电。

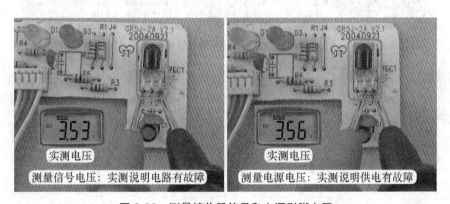

图 2-36　测量接收器信号和电源引脚电压

2. 测量 5V 供电电路

见图 2-37 左图，接收器电源引脚通过限流电阻 R3 接直流 5V，黑表笔接地（接收器铁壳）、红表笔接电阻 R3 上端，实测电压为 5V，说明 5V 电压正常。

见图 2-37 右图，断开空调器电源，使用万用表电阻挡测量 R3 阻值，实测为 100Ω，和标注阻值相同，说明电阻 R3 阻值正常，为接收器受潮漏电故障。

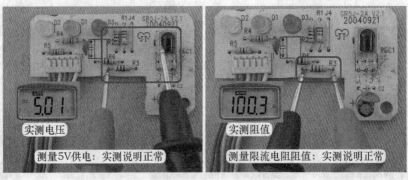

图 2-37　测量 5V 电压和限流电阻阻值

3. 加热接收器

见图 2-38，使用电吹风热风挡，风口直吹接收器约 1min，当手摸接收器表面烫手时停止加热，待约 2min 后接收器表面温度下降，将空调器通上电，使用万用表直流电压挡测量电源引脚电压为 4.8V，信号引脚电压为 5V，说明接收器恢复正常。按压遥控器开关按键，蜂鸣器响一声后，空调器按遥控器命令开始工作，不接收遥控器信号故障排除。

图 2-38　加热接收器和测量信号电压

维修措施：使用电吹风加热接收器。如果加热后依旧不能接收遥控器信号，需更换接收器或显示板组件。更换接收器后最好使用绝缘胶涂抹引脚，使之与空气绝缘，可降低此类故障的比例。

第 3 章
室内外风机电路故障

第 1 节　室内风机电路故障

一、风机电容引脚虚焊

故障说明：格力 KFR-50GW/K（50556）B1-N1 挂式空调器，用户反映新装机试机时室内风机不运行，显示 H6 代码，查看代码含义为无室内机电机反馈。

1. 拨动贯流风扇

上门检查，重新上电，使用遥控器开机，导风板打开，室外风机和压缩机均开始运行，但室内风机不运行。见图 3-1 左图，将手从出风口伸入，手摸贯流风扇有轻微的振动感，说明 CPU 已输出供电已到光耦晶闸管（俗称光耦可控硅），其次级已导通，且交流电源已送至室内风机线圈供电插座，但由于某种原因室内风机启动不起来，约 1min 后室外风机和压缩机停止运行，显示 H6 代码。

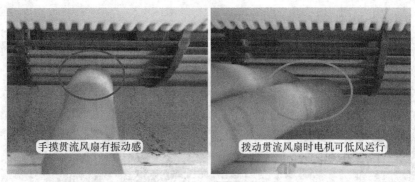

手摸贯流风扇有振动感　　　　拨动贯流风扇时电机可低风运行

图 3-1　拨动贯流风扇

断开空调器电源，用手拨动贯流风扇，感觉无阻力，排除贯流风扇卡死故障。再次上电开机,待室外机运行之后,见图 3-1 右图,手摸贯流风扇有振动感时并轻轻拨动,增加启动力矩,室内风机启动运行,但转速很慢,就像设定风速的低风(遥控器设定为高风)。此时室内风机可一直低风运行,也不再显示 H6 代码,判断故障为室内风机启动绕组开路或电容有故障。

2. 检查室内风机电容虚焊

使用万用表交流电压挡,测量室内风机线圈供电插座电压约为交流 220V,已为供电电压的最大值。使用万用表的交流电流挡,测量室内风机公共端白线电流,实测为 0.37A,实测电压和电流均说明室内机主板已输出供电且室内风机线路没有短路故障。

断开空调器电源,抽出室内机主板,准备测量室内风机线圈阻值时,观察到风机电容未紧贴主板,用手晃动发现引脚已虚焊,见图 3-2 左图。

再次上电开机,用手拨动贯流风扇使室内风机运行,见图 3-2 右图,此时再用手按压电容使引脚接触焊点,室内风机立即由低风变为高风运行,且线圈供电电压由交流 220V 下降至约交流 150V,但运行电流未变,恒定为 0.37A。

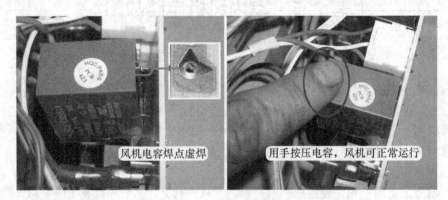

风机电容焊点虚焊　　用手按压电容,风机可正常运行

图 3-2　电容焊点虚焊

维修措施:见图 3-3,将风机电容安装到位,使用烙铁补焊两个焊点。再次上电开机,导风板打开后,室内风机立即高风运行,室外机运行后制冷恢复正常,同时不再显示 H6 代码,故障排除。

补焊风机电容焊点

图 3-3　补焊风机电容焊点

1. 本例室内风机电容由于体积较大，涂在电容表面的固定胶较少，加之焊点镀锡较少，经长途运输，电容引脚焊点虚焊，室内风机启动不起来，室内机主板 CPU 因检测不到反馈的霍尔信号，约 1min 后停止室内机和室外机供电，显示 H6 代码。

2. 如空调器使用一段时间（6 年以后），室内风机电容容量变小或无容量，室内风机启动不起来，表现的现象和本例相同。

3. 如果贯流风扇由于某种原因卡死或室内风机轴承卡死，表现的现象也和本例相同。

二、风机电容容量减小

故障说明：格力 KFR-70LW/E1 柜式空调器，使用约 8 年，现用户反映制冷效果差，运行一段时间以后显示 E2 代码，查看代码含义为蒸发器防冻结保护。

1. 查看三通阀

上门检查，空调器正在使用。检查室外机，见图 3-4 左图，三通阀严重结霜。取下室外机外壳，发现三通阀至压缩机吸气管全部结霜（包括储液瓶），判断蒸发器温度过低，应到室内机检查。

2. 查看室内风机运行状态

到室内机检查，将手放在出风口，感觉出风温度很低，但风量很小，且吹不远，只在出风口附近能感觉到有风吹出。取下室内机进风格栅，观察过滤网，干净无脏堵现象，用户介绍，过滤网每年清洗，排除过滤网脏堵故障。

室内机出风量小在过滤网干净的前提下，通常为室内风机转速慢或蒸发器背部脏堵。见图 3-4 右图，目测室内风机转速较慢，按压显示板上"风速"按键，在高风 - 中风 - 低风转换时，室内风机转速变化也不明显（应仔细观察由低风转为高风的瞬间转速），判断故障为室内风机转速慢。

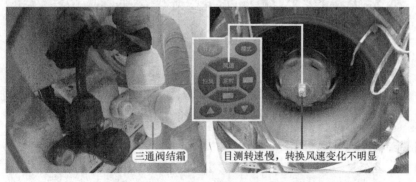

三通阀结霜　　　目测转速慢，转换风速变化不明显

图 3-4　三通阀结霜和查看室内风机运行状态

3. 测量室内风机公共端红线电流

室内风机转速慢常见原因有电容容量变小或线圈短路。为区分故障，使用万用表交流电流挡，见图 3-5，钳头夹住室内风机红线 N 端（即公共端）测量电流，实测低风挡 0.5A、中

空调维修笔记（第3版）

风挡0.53A、高风挡0.57A，接近正常电流值，排除线圈短路故障。

注：

室内风机型号LN40D（YDK40-6D），功率40W、电流0.65A、6极电机、配用4.5μF电容。

图3-5　测量室内风机电流

4. 代换室内风机电容和测量容量

室内风机转速慢时，运行电流接近正常值，通常为电容容量变小损坏。本机使用4.5μF电容，见图3-6左图，使用1个相同容量的电容代换，代换后上电开机，目测室内风机的转速明显变快，用手在出风口感觉风量很大，吹风距离也增加很多，长时间开机运行不再显示E2代码，手摸室外机三通阀温度较低，但不再结霜改为结露，确定室内风机电容损坏。

见图3-6右图，使用万用表电容挡测量拆下来的电容，标注容量为4.5μF，而实测容量约为0.6μF，说明容量变小。

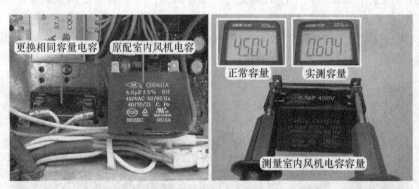

图3-6　代换风机电容和测量电容容量

维修措施：更换室内风机电容。

总结：

室内风机电容容量变小，室内风机转速变慢，出风量变小，蒸发器表面冷量不能及时吹出，蒸发器温度越来越低，引起室外机三通阀和储液瓶结霜；显示板CPU检测到蒸发器温度过低，停机并报出E2代码，以防止压缩机液击损坏。

三、风机电容代换方法

故障说明：海尔 KFR-120LW/L（新外观）柜式空调器，用户反映制冷效果差。

1. 查看风机电容

上门检查，用户正在使用空调器，室外机三通阀处结霜较为严重，测量系统运行压力约 0.4MPa，到室内机查看，室内机出风口为喷雾状，用手感觉出风很凉，但风量较弱，取下室内机进风格栅，查看过滤网干净。

检查室内风机转速，目测转速较慢，使用遥控器转换风速时，室内风机驱动室内风扇转速（离心风扇）转换不明显，同时在出风口感觉风量变化不大，说明室内风机转速慢。使用万用表电流挡测量室内风机电流约 1A，排除线圈短路故障，初步判断风机电容容量变小，见图 3-7，查看本机使用的电容容量为 8μF。

图 3-7 原机电容

2. 使用两个 4μF 电容代换

由于暂时没有同型号的电容更换试机，决定使用两个 4μF 电容代换。断开空调器电源，见图 3-8，取下原机电容后，将 1 个配件电容使用螺钉固定在原机电容位置（实际安装在下面），另 1 个固定在变压器下端的螺钉孔（实际安装在上面），将室内风机电容插头插在上面的电容端子，再将两根引线合适位置分别剥开绝缘层并露出铜线，使用烙铁焊在下面电容的两个端子，即将两个电容并联使用。

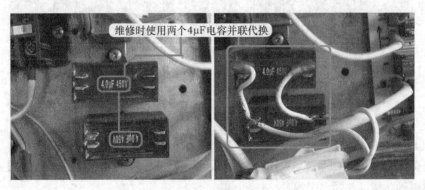

图 3-8 代换电容

焊接完成后上电试机，室内风机转速明显变快，在出风口感觉风量较大，并且吹风距离较远，说明原机电容容量减小损坏，引起室内风机转速变慢故障。

维修措施：使用两个 4μF 电容并联代换 1 个原机 8μF 电容。

四、代换光耦晶闸管

故障说明：东洋 KFR-35GW/D 挂式空调器，遥控器开机后室内风机不运行，检查结果为光耦晶闸管损坏，因无原型号配件更换，从一块旧空调器主板上拆下光耦晶闸管，检测正常后代换损坏的光耦晶闸管。图 3-9 为室内风机驱动电路原理图。

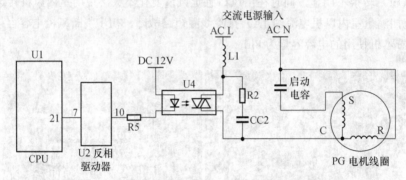

图 3-9　室内风机驱动电路原理图

1. 原光耦晶闸管安装位置和引脚功能

见图 3-10，拆下损坏的光耦晶闸管，本机型号为 TLP3526，并根据主板上铜箔的走线确定引脚功能。光耦晶闸管在主板上只接 4 个引脚：初级侧 2 个引脚，分别接供电（5V 或12V）和 CPU 驱动；次级侧 2 个引脚，分别接电源供电 L 相线和室内风机线圈的公共端，其余均为空脚。

图 3-10　原机光耦晶闸管安装位置和引脚功能

2. 代换光耦晶闸管实物外形

代换的光耦晶闸管型号为 SW1DD-H1-4C，见图 3-11。根据旧主板上铜箔的走线连接元件确定出引脚功能，并焊上引线。

3. 代换过程

见图 3-12，由于原机光耦晶闸管工作电压为直流 12V，而代换的光耦晶闸管工作电压为

5V，因此要将 5V 引线焊接至主板 5V 铜箔走线（本例焊至 5V 滤波电容正极），再将其余 3 根引线按功能焊入主板的相应焊孔即可，最后固定在主板合适的位置上（要注意绝缘）。

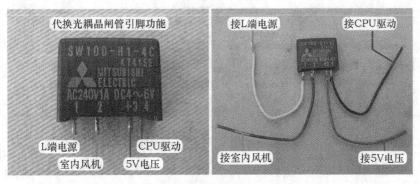

图 3-11　代换光耦晶闸管引脚功能并焊上引线

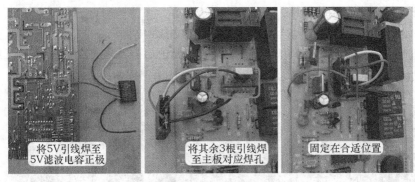

图 3-12　代换过程

　　1. 在实际维修中光耦晶闸管损坏是比较常见的故障，但是相同型号的配件一般不容易购买到，而维修人员一般都有更换下来的空调器主板，因此从旧主板上拆下光耦晶闸管，通过连接引线进行代换是比较经济的方法。

　　2. 要尽量在室内风机驱动电路类似的主板上拆件，一般有两项要求应尽量相同：一是初级侧工作电压（5V 或 12V）；二是 CPU 驱动方法（直接驱动或经反相驱动器、三极管放大后驱动）。

五、室内风机线圈开路

故障说明：科龙 KFR-26GW/N2F 挂式空调器，用户反映室内风机不运行。

1. 室内风机不运行

　　见图 3-13，用手拨动贯流风扇感觉顺畅无阻力，使用万用表交流电压挡测量室内风机线圈供电插座电压，上电但不开机时测量为交流 220V（为电源供电电压），正常电压应接近

0V；遥控器开机后测量电压仍为交流 220V。

待机电压等于电源电压交流 220V 时应当测量室内风机线圈阻值。

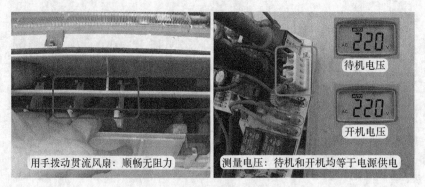

用手拨动贯流风扇：顺畅无阻力　　测量电压：待机和开机均等于电源供电

图 3-13　测量室内风机线圈供电电压

2.测量室内风机线圈阻值

见图 3-14，使用万用表电阻挡，测量室内风机线圈供电插头 3 根引线的阻值。实测结果为运行绕组蓝线（R）和启动绕组黑线（S）阻值正常，而公共端红线（C）和运行绕组、公共端与启动绕组的阻值均为无穷大，说明室内风机线圈开路损坏。

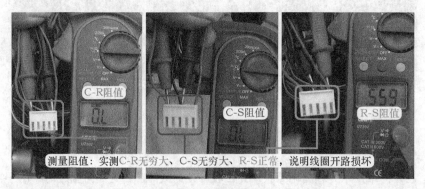

测量阻值：实测C-R无穷大、C-S无穷大、R-S正常，说明线圈开路损坏

图 3-14　测量线圈阻值

维修措施：更换室内风机。

第 2 节　室外风机电路故障

一、风机电容容量减小

故障说明：海信 KFR-26GW/27BP 挂式交流变频空调器，用户反映制冷效果差，长时间开机房间温度下降很慢。

1. 测量系统压力和电流

查看室外机，手摸二通阀温度为常温、三通阀温度是凉的，在室外机三通阀检修口接上压力表，见图 3-15 左图，测量系统运行压力约为 0.55MPa，高于正常值 0.45MPa。

见图 3-15 右图，使用万用表交流电流挡，在室外机接线端子处测量 1 号电源 L 相线，相当于测量室外机电流，实测电流约为 6A，正常值约 4A，实测压力和电流均高于正常值，说明冷凝器散热系统有故障，应检查室外风机转速或冷凝器是否脏堵。

系统运行压力约0.56MPa　　　测量室外机电流：实测高于正常值

图 3-15　测量系统运行压力和电流

2. 查看冷凝器

观察冷凝器背面干净，并无毛絮或其他杂物。见图 3-16 左图，手摸冷凝器上部烫手、中部较热、最底部温度也高于室外温度较多，判断冷凝器散热不良，用手轻拍冷凝器背面，从出风框处几乎没有尘土吹出，排除冷凝器脏堵故障。

见图 3-16 右图，将手放在室外机出风框约 15cm 的位置，感觉出风量很小，几乎感觉不到；将手靠近出风框时，才感觉到很弱小的风量，同时吹出的风很热，综合判断室外风机转速慢。

说明：

　　室外风机驱动室外风扇（轴流风扇），风从出风框的边框送出，以约 45 度的角度向四周扩散，如将手放到正中心，即使正常的空调器，也无风吹出。

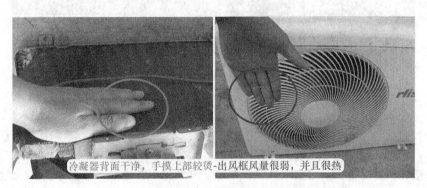

冷凝器背面干净，手摸上部较烫-出风框风量很弱，并且很热

图 3-16　手摸冷凝器上部较烫和感觉出风框风量很弱

3. 测量室外风机电压

见图 3-17，取下室外机外壳，观察室外风机转速确实很慢，使用万用表交流电压挡，测量室外风机电压，实测为交流 220V，说明室外机主板输出供电正常。

室外风机在供电电压正常的前提下转速慢，常见原因有线圈短路、电容容量变小、电机轴承缺油引起阻力大等。

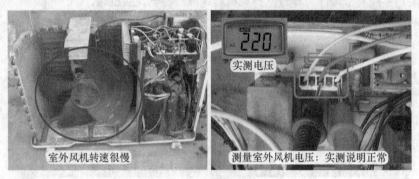

室外风机转速很慢　　　　测量室外风机电压：实测说明正常

图 3-17　室外风机转速慢和测量室外风机电压

4. 测量室外风机电流

见图 3-18 左图，使用万用表交流电流挡，钳头夹住室外风机公共端白线，测量室外风机电流，实测约为 0.4A，和正常值基本接近，可排除线圈短路故障，因为室外风机线圈短路时电流高于正常值很多。

断开空调器电源，用手转动室外风扇，感觉无阻力，转动很轻松，排除轴承因缺油而引起的滚珠卡死或阻力大故障，应检查室外风机电容。

5. 测量室外风机电容容量

电容容量普通万用表不能测量，应使用专用仪表或带有电容测量功能的万用表，本例选用某品牌 VC97 型万用表，将挡位拨至电容测量。

拔下室外风机线圈插头，表笔接电容的两个引脚，见图 3-18 右图，显示值仅为 35nF 即 0.035μF，还不到 0.1μF，接近于无容量，而电容标称容量为 3μF，说明电容损坏。

测量室外风机电流：实测和正常值接近　　　　测量电容容量：实测说明无容量损坏

图 3-18　测量风机电流和电容容量

维修措施：见图 3-19，更换室外风机电容，其使用引脚电容，容量为 3μF，使用烙铁焊在室外机主板上面。

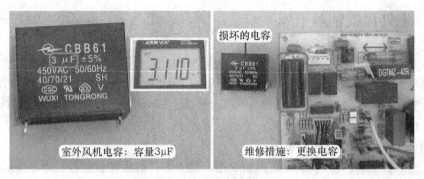

图 3-19　更换室外风机电容

更换后上电开机，室外风机和压缩机开始运行。见图 3-20 左图，目测室外风机转速明显加快，在室外机出风框约 60cm 的位置即能感觉到明显风量。

使用万用表交流电流挡，见图 3-20 右图，测量室外风机电流约为 0.3A，比更换电容前下降约 0.1A。

手摸冷凝器上部热、中部较温、下部接近室外温度，二通阀和三通阀温度均较凉，测量系统运行压力约 0.45MPa，室外机运行电流约 4.2A，室内机出风口温度较凉，并且房间温度下降速度比更换前明显加快，说明空调器恢复正常，故障排除。

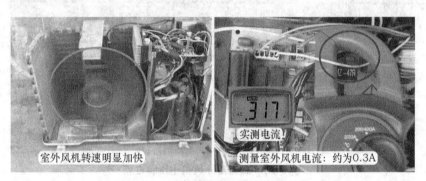

图 3-20　室外风机转速加快和测量电流

总结：

1. 室外风机容量变小或无容量故障在实际维修中的比例很大，通常空调器使用几年之后，室外（内）风机电容容量均会下降，由于室外风机转速下降时用肉眼不容易判断，因此故障相对比较隐蔽，本例室外风机电容容量为 3μF，如果容量下降至 1.5μF，室外风机转速会下降，但单凭肉眼几乎很难判断。室外风机电容无容量时室外风机因无启动力矩而不能运行。

2. 室外风机转速下降即转速慢时故障现象表现为：冷凝器温度高、室外机运行电流大、系统运行压力高、在室外机出风框感觉时风量小且很热、二通阀不结露、制冷效果差。

3. 检修室外风机转速慢时，为判断故障由线圈短路或电容容量小引起，测量室外风机电流可区分故障：电流很大为线圈短路；电流接近正常值为电容容量变小。

二、室外风机轴承卡死

故障说明：海信 KFR-26GW/11BP 挂式交流变频空调器，遥控器开机后室内机主板向室外机供电，室内机显示板组件运行灯点亮，说明压缩机已开始运行，室内机也开始吹凉风，但吹风温度逐渐上升，约 5min 后室内机吹风为热风，然后逐渐变为自然风，运行指示灯熄灭，压缩机停止运行。

1. 测量室外风机电压和电流

拔下空调器电源，待约 3min 后重新上电，遥控器开机后检查室外机，压缩机运行，但室外风机不运行，手摸冷凝器烫手，压缩机运行频率也逐渐下降，由于室外风机不运行，冷凝器过热，压缩机容易过热损坏。断开空调器电源，拔下室外机模块板上的压缩机 3 根引线，再次上电开机，室外风机和压缩机均不运行，使用万用表交流电压挡，见图 3-21 左图，测量室外风机供电，实测电压约为交流 220V，说明室外机主板供电正常。

使用万用表交流电流挡，见图 3-21 右图，测量室外风机公共端白线电流约为 0.4A，说明室外机主板已输出供电，且室外风机公共端 C 与运行绕组 R 的线圈阻值正常，否则电流为 0A。

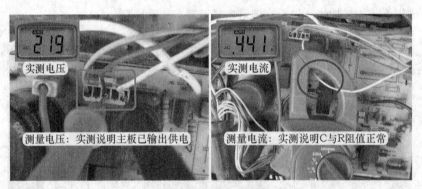

实测电压

测量电压：实测说明主板已输出供电

实测电流

测量电流：实测说明C与R阻值正常

图 3-21　测量室外风机电压和电流

2. 拨动室外风扇和测量阻值

室外风机得到供电后仍不运行，原因有两个：1 是轴承卡死；2 是电容损坏。为判断故障，用手拨动室外风扇，感沉很沉重，室外风机仍不运行，判断轴承卡死，因为电容损坏引起的室外风机不运行，如果用手拨动室外风扇，相当于增加启动力矩，室外风机应能运行起来。断开空调器电源，见图 3-22 左图，再用手转动室外风扇仍然感觉很沉重，确定室外风机内部轴承卡死，维修时应更换轴承。

使用万用表电阻挡测量室外风机线圈阻值，如果线圈开路或短路损坏，再更换轴承已经没有意义，因此在更换前应确定线圈阻值是否正常。见图 3-22 右图，实测公共端 C 与运行绕组 R 阻值为 203Ω，公共端 C 与启动绕组 S 阻值为 241Ω，运行绕组 R 与启动绕组 S 阻值为 444Ω，说明室外风机线圈阻值正常。

3. 室外风机

本机室外风机使用塑封电机即线圈、定子、外壳、下盖使用高强度塑料封装为一体，和室内风机类似，因此结构较为简单，见图 3-23 左图，主要由定子、转子、上盖组成。

图 3-22　用手转动室外风扇和测量线圈阻值

　　取出转子，用手转动上轴承和下轴承，发现下轴承阻力较大，如果不使劲根本转不动，判断为下轴承损坏，轴承型号为 608Z，见图 3-23 中图。但考虑到下轴承损坏时一般上轴承也会严重磨损，因此将上下两个轴承一块更换。

　　维修措施：更换室外风机转子的上下两个轴承，更换后组装室外风机，用手转动转轴感觉很轻松，见图 3-23 右图。将室外风机安装在室外机上面，安装线圈插头和压缩机的 3 根引线，再次上电开机，压缩机运行后，室外风机也开始运行，并且转速正常，运行时噪声也不大，在出风框处感觉出风量很大，制冷恢复正常，故障排除。

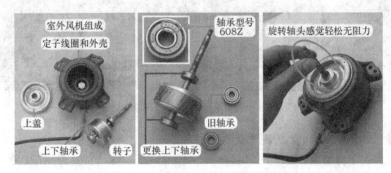

图 3-23　更换轴承后用手转动转轴

三、室外风机线圈开路

　　故障说明：海尔 KFR-26GW/03GCC12 挂式空调器，用户反映不制冷，长时间开机室内温度不下降。

1. 检查出风口温度和室外机

　　上门检查，用户正在使用空调器，见图 3-24 左图，将手放在室内机出风口，感觉为自然风，接近房间温度，查看遥控器，设定为制冷模式"16℃"，说明设定正确，应检查室外机。

　　检查室外机，手摸二通阀和三通阀均为常温，见图 3-24 右图，查看室外风机和压缩机均不运行，用手摸压缩机对应的室外机外壳温度很高，判断压缩机过载保护。

2. 测量压缩机和室外风机电压

　　见图 3-25 左图，使用万用表交流电压挡，测量室外机接线端子上 2（N）零线和 1（L）压缩机电压，实测为交流 221V，说明室内机主板已为压缩机供电。

图 3-24 室内机吹风不凉和室外风机不运行

见图 3-25 右图，测量 2（N）零线和 4（室外风机）端子电压，实测为交流 221V，室内机主板已为室外风机供电，说明室内机正常，故障在室外机。

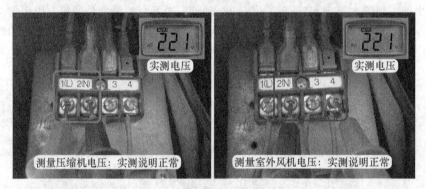

图 3-25 测量压缩机和室外风机电压

3. 拨动室外机风扇和测量线圈阻值

将螺钉旋具（俗称螺丝刀）从出风框伸入，见图 3-26 左图，按室外风扇运行方向拨动室外风扇，感觉无阻力，排除室外风机轴承卡死故障，拨动后室外风扇仍不运行。

图 3-26 拨动室外风扇和测量线圈阻值

断开空调器电源，使用万用表电阻挡，测量 2（N）端子（接公共端 C）和 1（L）端子（接压缩机运行绕绕组 R）阻值，实测结果为无穷大，考虑到压缩机对应的外壳烫手，确定压缩机内部过载保护器触点断开。

见图 3-26 右图，再次测量 2（N）端子上黑线（接公共端 C）和 4 端子上白线（接室外风机运行绕组 R）阻值，正常阻值约为 300Ω，而实测结果为无穷大，初步判断室外风机线圈开路损坏。

4. 测量室外风机线圈阻值

取下室外机上盖，手摸室外风机表面为常温，排除室外风机因温度过高而过载保护。依旧使用万用表电阻挡，见图 3-27，一表笔接公共端（C）黑线，另一表笔接启动绕组（S）棕线测量阻值，实测结果为无穷大；将万用表一表笔接 S 棕线，另一表笔接 R 白线测量阻值，实测结果为无穷大，根据测量结果确定室外风机线圈开路损坏。

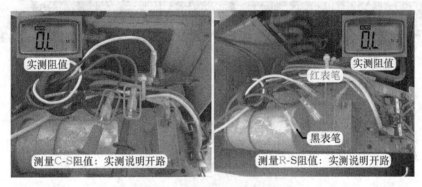

图 3-27　测量室外风机线圈阻值

维修措施：见图 3-28，更换室外风机。更换后使用万用表电阻挡测量 2（N）和 4 端子阻值为 332Ω，上电开机，室外风机和压缩机均开始运行，制冷正常，长时间运行压缩机不再过载保护。

图 3-28　更换室外风机和测量线圈阻值

总结：

1. 本例由于室外风机线圈开路损坏，室外风机不能运行，制冷开机后冷凝器热量不能散出，运行压力和电流均直线上升，约 4min 后压缩机因内置过载保护器触点断开而停机保护，因而空调器不再制冷。

2. 本机室外风机型号 KFD-40MT，6 极 27W，黑线为公共端（C）、白线为运行绕组（R）、棕线为启动绕组（S），实测 C-R 阻值为 332Ω、C-S 阻值 152Ω、R-S 阻值 484Ω。

第 4 章
单相压缩机和三相空调器故障

第1节 单相压缩机故障

一、电源电压低

故障说明：格力 KFR-72LW/E1（72568L1）A1-N1 清新风系列柜式空调器，用户反映不制冷，并显示 E5 代码，查看代码含义为低电压过电流保护。

1.测量压缩机电流

上门检查，重新上电开机，查看室外机，见图 4-1 左图，压缩机发出嗡嗡声但启动不起来，室外风机转一下就停机。

使用万用表交流电流挡，见图 4-1 右图，测量室外机接线端子上 N 端电流，待 3min 后室内机主板再次为压缩机交流接触器线圈供电，交流接触器触点闭合，但压缩机依旧启动不起来，实测电流最高约 50A。由于是刚购机 3 年左右的空调器，压缩机电容通常不会损坏，应着重检查电源电压是否过低和压缩机是否卡缸损坏。

图 4-1 测量室外机电流

2. 测量电源电压

见图 4-2,使用万用表交流电压挡,黑表笔接室外机接线端子 N(1),红表笔接 3 端子测量电压,在压缩机和室外风机未运行(静态)时,实测约交流 200V,低于正常值 220V;待 3min 后室内机主板控制压缩机和室外风机运行(动态)时,电压直线下降至约 140V,同时压缩机启动不起来,3s 后室外机停机,由于压缩机启动时电压下降过多,说明电源电压供电线路有故障。

检查室内机电源插座,测量墙壁中为空调器提供电源的引线,实测电压在压缩机启动时仍为交流 140V,初步判断空调器正常,故障为电源电压低引起,于是让用户找物业电工来查找电源供电故障。

说明:

室外机接线端子上 2 号为压缩机交流接触器线圈的供电引线。

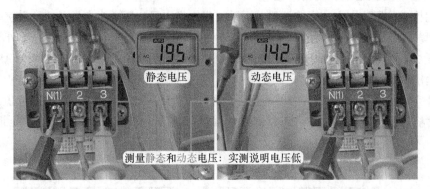

静态电压   动态电压

测量静态和动态电压:实测说明电压低

图 4-2 测量电源电压

维修措施:经小区物业电工排除电源供电故障,再次上电但不开机,待机电压约为交流 220V,压缩机启动时动态电压下降至约 200V 但马上又上升至约 220V,同时压缩机运行正常,制冷也恢复正常。

总结:

1. 空调器中压缩机功率较大,对电源电压值要求相对比较严格一些,通常在压缩机启动时电压低于交流 180V 便容易引起启动不起来故障,而正常的电源电压即使在压缩机卡缸时也能保证在约为 200V 的样子。

2. 家用电器中如电视机、机顶盒等物品,其电源电路基本上为开关电源宽电压供电,即使电压低至交流 150V 也能正常工作,对电源电压值要求相对较宽,因此不能以电视机等电器能正常工作便确定电源电压正常。

3. 测量电源电压时,不能以待机(静态)电压为准,而是以压缩机启动时(动态)电压为准,否则容易引起误判。

二、压缩机电容损坏

故障说明：海信 KFR-25GW 挂式空调器，用户反映开机后不制冷，图 4-3 为室外机电气接线图。

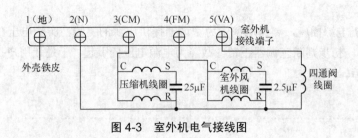

图 4-3　室外机电气接线图

1. 测量压缩机电压和线圈阻值

上门检查，用户正在使用空调器，用手在室内机出风口感觉为自然风，查看室外机，发现室外风机运行但压缩机不运行。见图 4-4 左图，使用万用表交流电压挡，在室外机接线端子上测量 2N（零线）与 3CM（压缩机）端子电压，正常为 220V，实测为 218V，说明室内机主板已输出供电。

断开空调器电源，见图 4-4 右图，使用万用表电阻挡，测量 2N 与 3CM 端子阻值（相当于测量压缩机公共端与运行绕组），正常值约为 3Ω，实测为无穷大，说明压缩机线圈回路有开路故障。

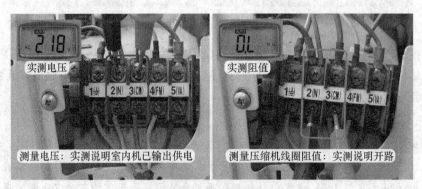

图 4-4　测量压缩机电压和线圈阻值

2. 为压缩机降温

询问用户空调器已开机运行一段时间，用手摸压缩机相对应的室外机外壳温度很高，大致判断压缩机内部过载保护器触点断开。

取下室外机外壳，见图 4-5，用手摸压缩机外壳烫手，确定内部过载保护器由于温度过高触点断开保护，将毛巾放在压缩机上部，使用凉水降温，同时测量 2N 和 3CM 端子的阻值，当由无穷大变为正常阻值时，说明内部过载保护器触点已闭合。

说明：

　　压缩机内部过载保护器串接在压缩机线圈公共端，位于顶壳上部，用凉水为压缩机降温时，将毛巾放在顶部可使过载保护器触点迅速闭合。

| 手摸压缩机烫手 | 凉水降低压缩机温度 | 测量阻值：由无穷大变为正常，为内部触点已闭合 |

图 4-5　为压缩机降温

3. 压缩机启动不起来

　　测量 2N 与 3CM 端子阻值正常后上电开机，见图 4-6 左图，压缩机发出约 30s"嗡嗡"的声音，停止约 20s 再次发出"嗡嗡"的声音。

　　见图 4-6 中图，在压缩机启动时使用万用表交流电压挡，测量 2N 与 3CM 端子电压，实测为交流 218V（未发出声音时的电压，即静态）下降到 199V（压缩机发出"嗡嗡"声时电压，即动态），说明供电正常。

　　见图 4-6 右图，使用万用表交流电流挡测量压缩机电流近 20A，综合判断压缩机启动不起来。

| 启动时发出30s嗡嗡声 | 测量动态电压：实测正常 | 测量电流：实测说明压缩机启动不起来 |

图 4-6　测量启动电压和电流

4. 检查压缩机电容

　　在供电电压正常的前提下，压缩机启动不起来最常见的原因是电容无容量故障。取下电容，使用两根引线接在两个端子上，见图 4-7，并通上交流 220V 充电约 1s，拔出后短接两个引线端子，电容正常时会发出很大的响声，并冒出火花，本例在短接端子时即没有响声，也没有火花，判断为电容无容量。

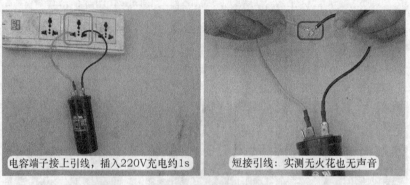

电容端子接上引线，插入220V充电约1s　　短接引线：实测无火花也无声音

图 4-7　使用充电法检查压缩机电容

维修措施：见图 4-8，更换压缩机电容，更换后上电开机，压缩机运行，空调器开始制冷，再次测量压缩机电流为 4.4A，故障排除。

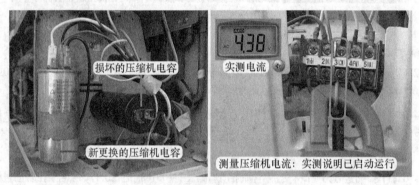

损坏的压缩机电容　　实测电流

新更换的压缩机电容　　测量压缩机电流：实测说明已启动运行

图 4-8　更换压缩机电容和测量电流

 总结：

　　1. 压缩机电容损坏，在不制冷故障中占到很大比例，通常发生在使用 3～5 年以后。

　　2. 如果用户报修为不制冷故障，应告知用户不要开启空调器，因为如果故障原因为压缩机电容损坏或系统缺氟故障，均会导致压缩机温度过高造成内置过载保护器触点断开保护，在检修时还要为压缩机降温，增加维修时间。

　　3. 在实际检修中，如果故障为压缩机启动不起来并发出"嗡嗡"的响声，一般不用测量直接更换压缩机电容即可排除故障，新更换电容容量误差在原电容容量的 20% 以内即可正常使用。

三、压缩机卡缸

　　故障说明：格力 KFR-72LW/E1（72d3L1）A-SN5 柜式空调器，用户反映不制冷，室外风机一转就停，一段时间后显示 E5 代码，代码含义为低电压过电流保护。

1. 测量压缩机电流和代换压缩机电容

检查室外机，见图 4-9 左图，首先使用万用表交流电流挡，钳头夹住室外机接线端子上 N 端引线，测量室外机电流，在上电开机压缩机启动时实测电流约 65A，说明压缩机启动不起来。在压缩机启动时测量接线端子处电压约交流 210V，说明供电电压正常，初步判断压缩机电容损坏。

使用同容量的新电容代换试机，见图 4-9 右图，故障依旧，N 端电流仍为约 65A，从而排除压缩机电容故障，初步判断为压缩机损坏。

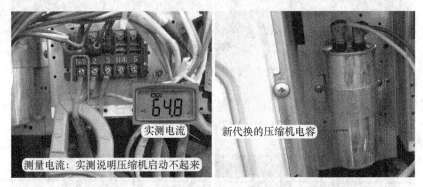

图 4-9 测量压缩机电流和代换压缩机电容

2. 测量压缩机线圈阻值

为判断压缩机为线圈短路损坏还是卡缸损坏，断开空调器电源，见图 4-10，使用万用表电阻挡，测量压缩机线圈阻值：实测红线公共端（C）与蓝线运行绕组（R）的阻值为 1.1Ω、红线 C 与黄线启动绕组（S）阻值为 2.3Ω、蓝线 R 与黄线 S 阻值为 3.3Ω，根据 3 次测量结果判断压缩机线圈阻值正常。

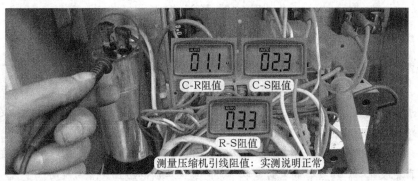

图 4-10 测量压缩机引线阻值

3. 查看压缩机接线端子

压缩机的接线端子或连接线烧坏，也会引起启动不起来或无供电的故障，因此在确定压缩机损坏前应查看接线端子引线，见图 4-11 左图，本例查看接线端子和引线均良好。

松开室外机二通阀螺母，将制冷系统的氟 R22 全部放空，再次上电试机，压缩机仍启动不起来，依旧是 3s 后室内机停止向压缩机和室外风机供电，从而排除系统脏堵故障。

见图 4-11 右图，拔下压缩机线圈的 3 根引线，并将接头包上绝缘胶布，再次上电开机，室外风机一直运行不再停机，但空调器不制冷，也不报 E5 代码，从而确定为压缩机卡缸故障。

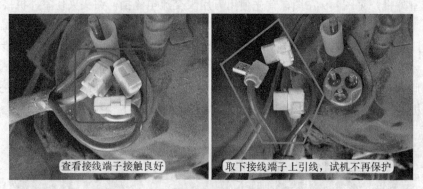

图 4-11　查看压缩机接线端子和取下连接线

维修措施：见图 4-12，更换压缩机，型号为三菱 LH48VBGC。更换后上电开机，压缩机和室外风机运行，顶空加氟至约 0.45MPa 后制冷恢复正常，故障排除。

图 4-12　更换压缩机

总结：

1. 压缩机更换过程比较复杂，因此确定其损坏前应仔细检查是否由电源电压低、电容无容量、接线端子烧坏、系统加注的氟过多等原因引起，在全部排除后才能确定压缩机线圈短路或卡缸损坏。

2. 新压缩机在运输过程中禁止倒立。压缩机出厂前内部充有气体，尽量在安装至室外机时再把吸气管和排气管的密封塞取下，可最大程度的防止润滑油流动。

四、压缩机线圈漏电

故障说明：格力 KFR-23GW 挂式空调器，用户反映将电源插头插入电源插座，断路器（俗称空气开关）立即跳闸。

1. 测量电源插头 N 与地阻值

上门检查，将空调器电源插头插入插座，见图 4-13，断路器便跳闸保护，为判断是空调器还是断路器故障，使用万用表电阻挡，测量电源插头 N 与地阻值，正常应为无穷大，而实测阻值约 10Ω，确定空调器存在漏电故障。

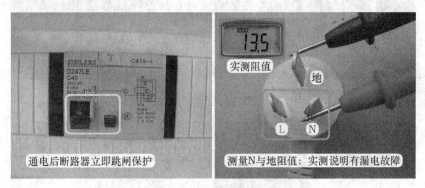

通电后断路器立即跳闸保护

测量N与地阻值：实测说明有漏电故障

图 4-13 测量插头 N 与地阻值

2. 断开室外机接线端子连接线

空调器常见漏电故障在室外机。为判断是室外机或室内机故障，见图 4-14，在室外机接线端子处取下除地线外的 4 根连接线，使用万用表电阻挡，1 表笔接接线端子上 N 端，另 1 表笔接地端固定螺钉，实测阻值仍约为 10Ω，从而确定故障在室外机。

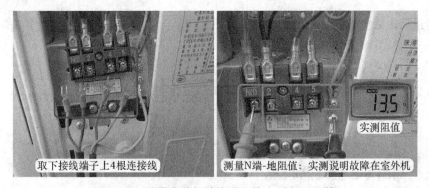

取下接线端子上4根连接线

测量N端-地阻值：实测说明故障在室外机

图 4-14 测量室外机接线端子处 N 端与地阻值

3. 测量压缩机引线对地阻值

室外机常见漏电故障在压缩机。见图 4-15，拔下压缩机线圈的 3 根引线共 4 个插头（N 端蓝线与运行绕组蓝线并联），使用万用表电阻挡测量公共端黑线与地阻值（实接四通阀铜管），正常阻值应为无穷大，而实测阻值仍约为 10Ω，说明漏电故障由压缩机引起。

4. 测量压缩机接线端子与地阻值

压缩机引线绝缘层熔化与地短路，也会引起上电跳闸故障。于是取下压缩机接线盖，查看压缩机引线正常，见图 4-16，拔下压缩机接线端子上连接线插头，使用万用表电阻挡测量接线端子公共端（C）与地（实接压缩机排气管）阻值，实测仍约为 10Ω，从而确定压缩机内部线圈对地短路损坏。

图 4-15　测量压缩机黑线与地阻值

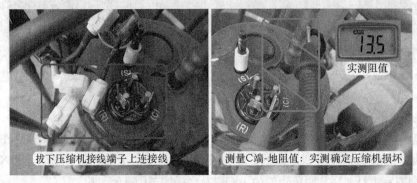

图 4-16　测量压缩机端子与地阻值

维修措施：更换压缩机。

第 2 节　三相空调器故障

一、三相供电空调器特点

1. 三相供电

1 ～ 3P 空调器通常为单相 220V 供电，见图 4-17 左图，供电引线共有 3 根：1 根相线（棕线）、1 根零线（蓝线）、1 根地线（黄绿线），相线和零线组成 1 相（单相 L-N）供电即交流 220V。

部分 3P 或全部 5P 空调器为三相 380V 供电，见图 4-17 右图，供电引线共有 5 根：3 根相线、1 根零线、1 根地线。3 根相线组成三相（L1-L2、L1-L3、L2-L3）供电即交流 380V 电压。

2. 压缩机供电和启动方式

见图 4-18 左图，单相供电空调器 1 ～ 2P 压缩机通常由室内机主板上继电器触点供电，3P 压缩机由室外机单触点或双触点交流接触器（简称交接）供电，压缩机均由电容启动运行。

见图 4-18 右图，三相供电空调器均由三触点交流接触器供电，且为直接启动运行，不需要电容辅助启动。

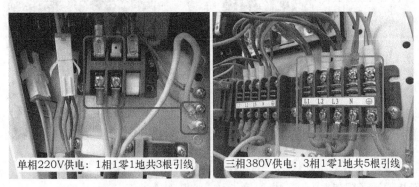

单相220V供电：1相1零1地共3根引线　　　三相380V供电：3相1零1地共5根引线

图 4-17　供电方式

单相3P：单触点交流接触器供电　　　三相5P：三触点交流接触器供电，压缩机直接启动运行

压缩机：电容启动运行

图 4-18　启动方式

3. 三相压缩机

① 实物外形

部分 3P 和 5P 柜式空调器使用三相电源供电，对应压缩机有活塞式和涡旋式 2 种，实物外形见图 4-19。活塞式压缩机只使用在早期的空调器，目前空调器基本上全部使用涡旋式压缩机。

活塞式压缩机　　　目前三相供电空调器，均使用涡旋式压缩机

图 4-19　活塞式和涡旋式压缩机

② 端子标号

见图 4-20，三相供电的涡旋式压缩机及变频空调器的压缩机，线圈均为三相供电，压缩机引出 3 个接线端子，标号通常为 T1-T2-T3，或 U-V-W，或 R-S-T，或 A-B-C。

图 4-20　三相压缩机

③ 测量接线端子阻值

三相供电压缩机线圈内置 3 个绕组，3 个绕组的线径和匝数相同，因此 3 个绕组的阻值相等。

使用万用表电阻挡测量 3 个接线端子之间阻值，见图 4-21，T1-T2、T1-T3、T2-T3 阻值相等，阻值均为 3Ω 左右。

图 4-21　测量接线端子阻值

4. 相序电路

因涡旋式压缩机不能反转运行，电控系统均设有相序保护电路。

5. 保护电路

由于三相供电空调器压缩机功率较大，为使其正常运行，通常在室外机设计了很多保护电路。

① 电流检测电路

电流检测电路的作用是为了防止压缩机长时间运行在大电流状态，见图 4-22 左图。根据品牌不同，设计方式也不相同：如格力空调器通常检测两根压缩机引线；美的空调器检测 1 根压缩机引线。

② 压力保护电路

压力保护电路的作用是为了防止压缩机运行时高压压力过高或低压压力过低，见图 4-22 右图。根据品牌不同，设计方式也不相同：如格力或海尔空调器同时设有压缩机排气管压力开关（高压开关）和吸气管压力开关（低压开关）；美的空调器通常只设有压缩机排气管压力开关。

图 4-22　电流检测和压力开关

③ 压缩机排气温度开关或排气传感器

见图 4-23，压缩机排气温度开关或排气传感器的作用是为了防止压缩机在温度过高时长时间运行。根据品牌不同，设计方式也不相同：美的空调器通常使用压缩机排气温度开关，在排气管温度过高时其触点断开进行保护；格力空调器通常使用压缩机排气传感器，CPU 可以实时监控排气管实际温度，在温度过高时进行保护。

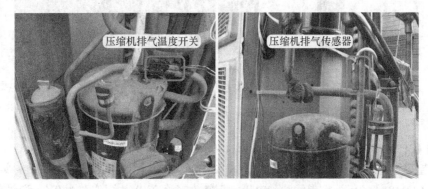

图 4-23　排气管温度开关和排气传感器

6. 室外风机形式

室外机通风系统中，见图 4-24，1 ～ 3P 空调器通常使用单风扇吹风为冷凝器散热，5P空调器通常使用双风扇散热，但部分品牌的 5P 室外机也有使用单风扇散热。

图 4-24　室外风机形式

二、格力空调器显示板损坏

故障说明：格力 KFR-120LW/E（1253L）V-SN5 柜式空调器，用户反映开机后不制冷，室内机吹自然风。

1. 查看交流接触器和测量压缩机电压

上门检查，重新上电开机，室内机吹出自然风。检查室外机，发现室外风机运行，但听不到压缩机运行的声音，手摸室外机二通阀和三通阀均为常温，判断压缩机未运行。

取下室外机前盖，见图 4-25 左图，查看交流接触器（交接）的强制按钮未吸合，说明线圈控制电路有故障。

使用万用表交流电压挡，见图 4-25 右图，黑表笔接室外机接线端子上零线 N 端，红表笔接方形对接插头中的压缩机黑线测量电压，实测为交流 0V，说明室外机正常，故障在室内机。

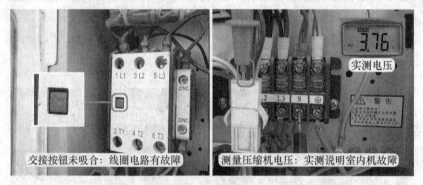

图 4-25　查看交流接触器和测量压缩机电压

2. 测量室内机主板压缩机端子和引线电压

检查室内机，使用万用表交流电压挡，见图 4-26 左图，黑表笔接室内机主板零线 N 端子、红表笔接 COMP 端子压缩机黑线测量电压，正常为交流 220V，而实测为 0V，说明室内机主板未输出电压，故障在室内机主板或显示板。

为区分故障，使用万用表直流电压挡，见图 4-26 右图，黑表笔接室内机主板和显示板连接线插座的 GND 引线，红表笔接 COMP 引线测量电压，实测为 0V，说明显示板未输出高电平电压，判断为显示板损坏。

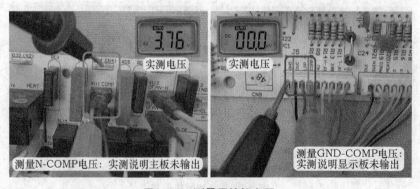

图 4-26　测量压缩机电压

维修措施：更换显示板。更换后上电试机，按压"开 / 关"按键，室内机和室外机均开始运行，制冷恢复正常，故障排除。

　总结：

　　在室内机主板上，压缩机、四通阀线圈、室外风机、同步电机、室内风机继电器驱动的单元电路工作原理完全相同，均为显示板 CPU 输出高电平，经连接线送至室内机主板，经限流电阻限流送至 2003 反相驱动器的输入端，2003 反相放大在输出端输出，驱动继电器触点闭合，继电器相对应的负载开始工作。本处需要说明的是，当负载不能工作时，根据测量的电压部位，区分出是室内机主板故障还是显示板故障。

1. 四通阀线圈无供电

　　四通阀线圈、同步电机、室内风机的高风 - 中风 - 低风均为 1 个继电器驱动 1 个负载，检修原理相同。以四通阀线圈为例：假如四通阀线圈无供电，见图 4-27 左图，首先使用万用表交流电压挡，一表笔接室内机主板 N 端，另一表笔接 4V 端子紫线测量电压，如果实测为交流 220V，则说明室内机主板和显示板均正常，故障在室外机；如果实测为交流 0V，则说明故障在室内机，可能为室内机主板或者是显示板故障。

　　为区分是室内机主板或显示板故障时，见图 4-27 右图，应使用直流电压挡，黑表笔接连接插座中 GND 引线，红表笔接 4V 引线测量电压，如果实测为 5V，说明显示板正常，应更换室内机主板；如果为 0V，说明是显示板故障，应更换显示板。

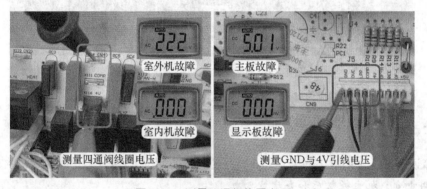

图 4-27　测量四通阀线圈电压

2. 室外风机不运行故障

　　室外风机的继电器驱动电路工作原理和压缩机继电器驱动电路相同，但在输出方式有细微差别。室内机主板上设有室外风机高风和低风共 2 个输出端子，而实际上室外风机只有 1 个转速，见图 4-28 左图，室内机主板上高风和低风输出端子使用 1 根引线直接相连，这样，无论室内机主板是输出高风电压还是低风电压，室外风机均能运行。

　　当室外风机不运行时，使用万用表交流电压挡，见图 4-28 右图，一表笔接主板 N 端，另一表笔接 OFAN-H 高风端子橙线测量电压，如果实测电压为交流 220V，说明为室内机主板已输出电压，故障在室外机；如果实测电压为交流 0V，说明故障在室内机，可能为室内机主板或显示板损坏。

图 4-28　测量室外风机端子交流电压

见图 4-29，为区分故障在室内机主板还是显示板时，应使用万用表直流电压挡，黑表笔接连接插座中的 GND 引线，红表笔分 2 次测量 OF-H、OF-L 引线电压。如果实测时 2 次测量有 1 次为 5V，说明显示板正常，故障在室内机主板；如果实测时 2 次测量均为 0V，说明显示板未输出高电平，故障在显示板。

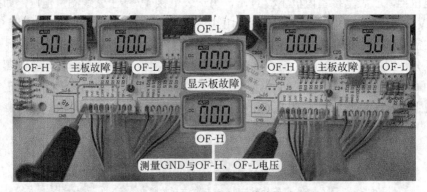

图 4-29　测量室外风机引线直流电压

三、交流接触器线圈开路

故障说明：美的 KFR-120LW/K2SDY 柜式空调器，用户反映不制冷，室内机吹自然风。

1. 测量室内机主板电压和查看室外机

上门检查，使用遥控器开机，电源和运行灯点亮，室内风机开始运行，用手在出风口感觉为自然风，没有凉风吹出。

取下室内机电控盒盖板，使用万用表交流电压挡，见图 4-30 左图，黑表笔接室内机接线端子上 N 端，红表笔接主板 comp 端子红线测量压缩机电压，实测为 220V；黑表笔接 N 端不动，红表笔接主板 out fan 端子白线测量室外风机电压，实测为 220V，说明室内机主板已输出供电，故障在室外机。

查看室外机，见图 4-30 右图，发现室外风机运行，但压缩机不运行，说明不制冷故障由压缩机未运行引起。

2. 按压交流接触器按钮

见图 4-31，查看为压缩机供电的交流接触器，发现按钮未吸合，说明触点未吸合；用手按压交流接触器按钮，强制使触点吸合，压缩机开始运行，手摸排气管迅速变热、吸气管迅速变凉，说明供电相序和压缩机均正常，故障在交流接触器电路。

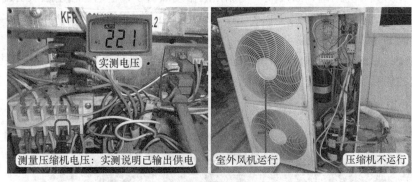

图 4-30　测量压缩机电压和查看室外机

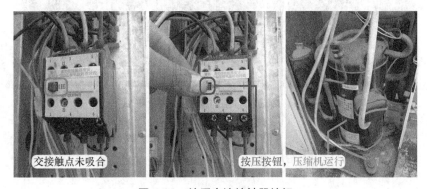

图 4-31　按压交流接触器按钮

3. 测量交流接触器线圈电压

见图 4-32 左图，依旧使用万用表交流电压挡，黑表笔接室外机接线端子上 N 端，红表笔接对接插头中红线测量压缩机电压，实测为 220V，说明室内机主板输出的供电已送至室外机。

见图 4-32 右图，将万用表表笔直接测量交流接触器线圈引线即红线和黑线，实测结果为交流 220V，说明室内机主板输出的供电已送至交流接触器线圈，初步判断故障为交流接触器线圈开路损坏。

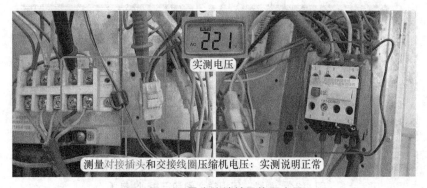

图 4-32　测量交流接触器线圈电压

4. 测量交流接触器线圈阻值

断开空调器电源，使用万用表电阻挡，直接测量交流接触器线圈阻值，正常阻值约300Ω，实测阻值为无穷大。为准确判断，取下交流接触器线圈引线、输入和输出触点引线，再取下固定螺丝后取下交流接触器，见图4-33左图，使用万用表电阻挡测量线圈阻值，实测结果仍为无穷大，确定交流接触器线圈开路损坏。

维修措施：见图4-33中图和右图，使用备件更换交流接触器，恢复连接线后上电试机，交流接触器按钮吸合，说明交流接触器触点吸合，压缩机和室外风机均开始运行，同时空调器开始制冷，故障排除。

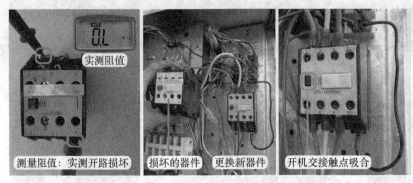

图4-33 测量线圈阻值和更换交流接触器

四、代换海尔空调器相序板

故障说明：海尔KFR-120LW/L（新外观）柜式空调器，用户反映不制冷，室内机吹自然风。上门检查，遥控器开机，电源和运行指示灯亮，室内风机运行，但吹风为自然风，查看室外机，发现室外风机运行，但压缩机不运行。

1. 测量电源电压

压缩机由接线端子的三相电源供电，首先使用万用表交流电压挡，见图4-34左图，测量三相电源电压是否正常，分3次测量，实测室外机接线端子上R-S、R-T、S-T电压均约为380V，初步判断三相供电正常。

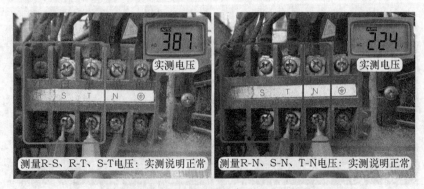

图4-34 测量三相相线之间和三相-N电压

为准确判断三相供电，依旧使用万用表交流电压挡，见图 4-34 右图，测量三相供电与零线 N 电压，分 3 次测量，实测 R-N、S-N、T-N 电压均为 220V，确定三相供电正常。

2. 测量压缩机和室外风机电压

室外机 6 根引线的接线端子连接室内机，1 号白线为相线 L、2 号黑线为零线 N、6 号黄绿线为地，共 3 根线由室外机电源向室内机供电；3 号红线为压缩机、4 号棕线为四通阀线圈、5 号灰线为室外风机，共 3 根线由室内机主板输出，去控制室外机负载。

见图 4-35 左图，使用万用表交流电压挡，黑表笔接 2 号零线 N 端子，红表笔接 3 号压缩机端子测量电压，实测约 220V，说明室内机主板已输出压缩机供电，故障在室外机。

见图 4-35 右图，黑表笔不动接 2 号零线 N 端子、红表笔接 5 号室外风机端子测量电压，实测约 220V，也说明室内机主板已输出室外风机供电。

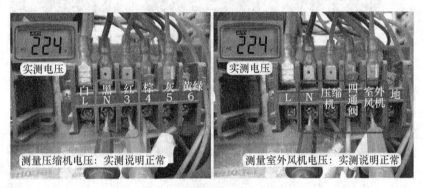

图 4-35　测量压缩机和室外风机电压

3. 按压交流接触器按钮和测量线圈电压

见图 4-36 左图，取下室外机顶盖，查看为压缩机供电的交流接触器按钮未闭合，说明其触点未导通，用手按压按钮，强制使触点闭合，此时压缩机开始运行，手摸排气管发热、吸气管变凉，说明制冷系统和供电相序均正常。

见图 4-36 右图，使用万用表交流电压挡，红表笔和黑表笔接交流接触器线圈的 2 个端子测量电压，实测约 0V，说明室外机电控系统出现故障。

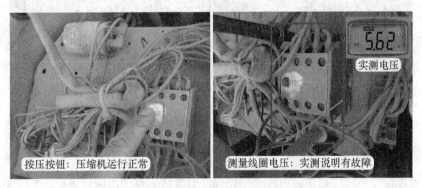

图 4-36　按压交流接触器按钮和测量线圈电压

4. 测量相序板电压

查看室外机接线图或实际连接线，发现交流接触器线圈引线一端经相序板接零线、另一端接 3 号端子接室内机主板相线，原理和格力空调器相同。

　　相序板实物外形见图 4-37 左图，共有 5 根引线：输入端有 3 根引线，为三相相序检测，连接室外机接线端子 R-S-T 端子；输出端共 2 根引线，连接继电器触点的两个端子，一根接零线 N，另一根接交流接触器线圈。

　　见图 4-37 中图，使用万用表交流电压挡，红表笔接交流接触器线圈相线 L 相当于接 3 号端子压缩机引线，黑表笔接相序板零线引线测量电压，实测约 220V，说明零线已送至相序板。

　　见图 4-37 右图，红表笔不动依旧接相线 L，黑表笔接相序板上连接交流接触器线圈引线测量电压，实测约 0V，说明相序板继电器触点未闭合，由于三相供电电压和相序均正常，判断相序板损坏。

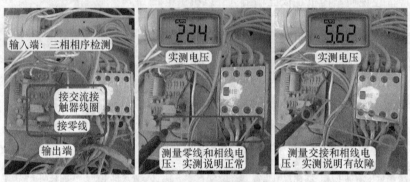

图 4-37　测量相序板电压

5. 使用通用相序保护器代换

　　由于暂时配不到原机相序板，查看其功能只是相序检测，决定使用通用相序保护器进行代换，代换步骤如下：

　　见图 4-38，代换时断开空调器电源，拔下相序板的 5 根引线，并取下相序板，再将通用相序保护器的接线底座固定在室外机合适的位置。

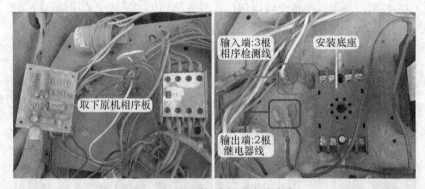

图 4-38　取下相序板和安装底座

　　原机相序板使用接线端子，引线使用插头，而接线底座使用螺钉固定。见图 4-39，剪去引线插头，并剥出适当长度的接头，将 3 根相序检测线接入底座 1-2-3 端子。

　　见图 4-40，把原机相序板两根输出端的继电器引线不分反正接入 5-6 端子，再将相序保护器的控制盒安装在底座上并锁紧，完成使用通用相序保护器代换原机相序板的接线。

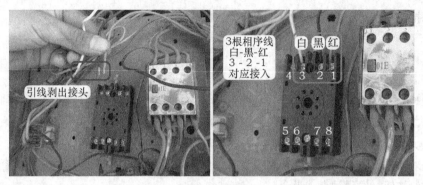

图 4-39　安装输入端引线

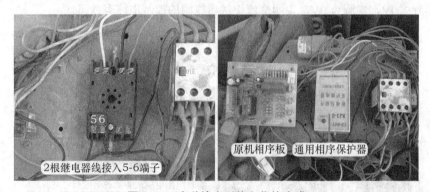

图 4-40　安装输出引线和代换完成

6. 对调输入侧引线

见图 4-41 左图，将空调器通上电，通用相序保护器的工作指示灯不亮，可判断其相序检测与电源相序不相同，使用遥控器开机后，交流接触器触点未闭合，不能为压缩机供电，压缩机依旧不运行，只有室外风机运行。

由于原机电源相序符合压缩机运行要求，只是通用相序保护器检测不相同，因此断开空调器电源，见图 4-41 中图和右图，取下控制盒，对调接线底座上 1-2 端子引线，安装后上电试机，通用相序保护器工作指示灯已经点亮，遥控器开机后压缩机和室外风机均开始运行，故障排除。

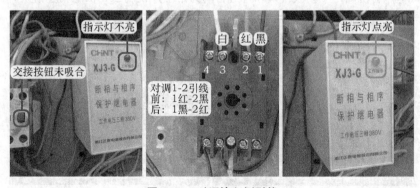

图 4-41　对调输入侧引线

维修措施：使用通用相序保护器代换相序板。

五、调整三相供电相序

故障说明：格力 KFR-120LW/E（12568L）A1-N2 柜式空调器，用户反映第一年制热正常，但等到第二年入夏使用制冷模式时，发现不制冷，室内机吹自然风。

1. 按压交流接触器按钮

首先对室外机进行检查，室外风机运行，但压缩机不运行。见图 4-42 左图，查看交流接触器的强制按钮，发现触点未吸合。

见图 4-42 右图，使用万用表交流电压挡，黑表笔和红表笔接交流接触器线圈端子测量电压，正常为 220V，实测为 0V，说明交流接触器线圈的控制电路有故障。

图 4-42　交流接触器未吸合和测量线圈电压

2. 测量黑线电压和按压交流接触器强制按钮

见图 4-43 左图，依旧使用万用表交流电压挡，黑表笔接室外机接线端子 N 端，红表笔接方形对接插头中压缩机黑线，实测约为 220V，说明室内机主板已输出供电，故障在室外机。

交流接触器线圈 N 端中串接有相序保护器，当相序错误或缺相时其触点断开，也会引起压缩机不运行的故障。使用万用表交流电压挡，测量三相供电 L1-L2、L1-L3、L2-L3 电压均为交流 380V，三相供电与 N 端即 L1-N、L2-N、L3-N 电压均为交流 220V，说明三相供电正常。

见图 4-43 右图，使用螺丝刀头按住强制按钮，强行接通交流接触器的 3 路触点，此时压缩机运行，但声音沉闷，手摸吸气管和排气管均为常温，说明三相供电相序错误。

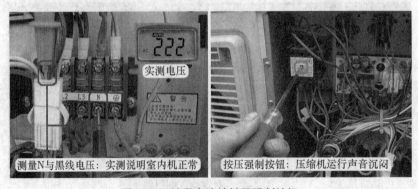

图 4-43　按压交流接触器强制按钮

维修措施：调整相序。方法是任意对调三相供电引线中的 2 根引线位置，见图 4-44，本例对调 L1 和 L2 端子引线位置。

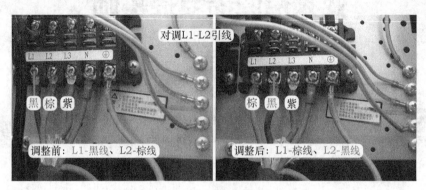

图 4-44　对调电源引线

 总结：

因电源供电相序错误需要调整，常见于刚安装的空调器、长时间不用在此期间供电部门调整过电源引线（电线杆处）、房间因装修调整过电源引线（断路器处）。

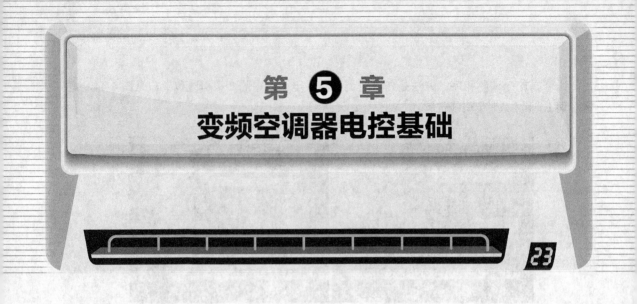

第 5 章
变频空调器电控基础

第1节 室内机电控基础

一、电控系统组成

1. 硬件组成

图 5-1 为室内机电控系统电气接线图，图 5-2 为室内机电控系统实物图（不含辅助电加热等）。

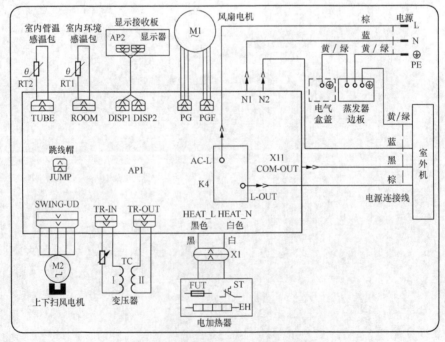

图 5-1 室内机电控系统电气接线图

从图 5-1 中可以看出，室内机电控系统由主板（AP1）、室内环温传感器（室内环境感温包）、室内管温传感器（室内管温感温包）、显示板组件（显示接收板）、PG 电机（风扇电机）、步进电机（上下扫风电机）、变压器、辅助电加热（电加热器）等组成。

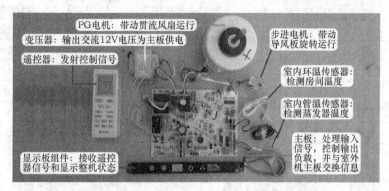

图 5-2　室内机电控系统实物图

2. 室内机主板电路方框图

图 5-3 为室内机主板电路方框图，由方框图可知，主板主要由 5 部分电路组成，即电源电路、CPU 三要素电路、输入部分电路、输出部分电路、通信电路。

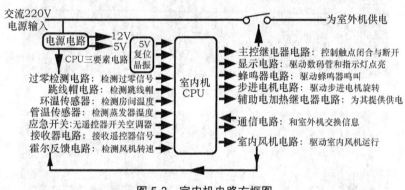

图 5-3　室内机电路方框图

3. 室内机主板插座和电子元件

表 5-1 为室内机主板和显示板组件的插座与元件明细，图 5-4 为室内机主板实物图，图 5-5 为显示板实物图。在图 5-4 和图 5-5 中，插座和接线端子的代号以英文字母表示，电子元件以阿拉伯数字表示。

表 5-1　　　　　　　　　　　　室内机主板和显示板的插座和元件明细

标号	名称	标号	名称	标号	名称
A	电源相线输入	B	电源零线输入和输出	C	电源相线输出
D	通信	E	变压器一次绕组	F	变压器二次绕组
G	室内风机	H	霍尔反馈	I	室内环温
J	室内管温	K	步进电机	L	辅助电加热
M	显示板组件1	N	显示板组件2		
1	压敏电阻	2	主控继电器	3	12.5A保险管

续表

标号	名称	标号	名称	标号	名称
4	3.15A保险管	5	整流二极管	6	主滤波电容
7	12V稳压块7812	8	5V稳压块7805	9	CPU（贴片型）
10	晶振	11	跳线帽	12	过零检测三极管
13	应急开关	14	反相驱动器	15	蜂鸣器
16	串行移位集成电路	17	反相驱动器	18	三极管
19	扼流圈	20	光耦晶闸管	21	室内风机电容
22	辅助电加热继电器	23	发送光耦	24	接收光耦
25	接收器	26	两位数码管	27	指示灯

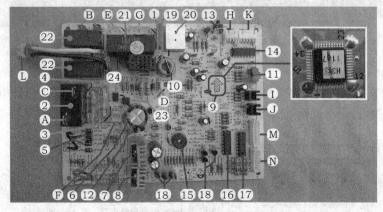

图 5-4　室内机主板元件

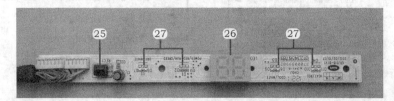

图 5-5　显示板元件

　　主板供电后才能工作，为主板供电的有电源 L 端输入和电源 N 端输入 2 个端子；由于室内机主板还为室外机供电和与室外机交换信息，因此还设有室外机供电端子和通信线；输入部分设有变压器、室内环温和管温传感器；主板上设有变压器一次绕组和二次绕组插座、室内环温和管温传感器插座；输出负载有显示板组件、步进电机、PG 电机，相对应的在主板上有显示板组件插座、步进电机插座、PG 电机供电插座、霍尔反馈插座。

二、单元电路对比

　　本小节选用早期和目前的典型变频空调器的主板单元电路进行对比，使读者对主板有初步了解。早期主板选用海信 KFR-2601GW/BP 交流变频空调器，目前主板选用格力 KFR-32GW/（32556）FNDe-3 直流变频空调器。

1. 电源电路

电源电路对比见图 5-6。作用是为室内机主板提供直流 12V 和 5V 电压。

常见有两种形式：即使用变压器降压和使用开关电源电路。交流变频空调器或直流变频空调器室内风机使用 PG 电机（供电为交流 220V），普遍使用变压器降压形式的电源电路，也是目前最常见的设计形式，只有少数机型使用开关电源电路。

全直流变频空调器室内风机为直流电机（供电为直流 300V），普遍使用开关电源电路。

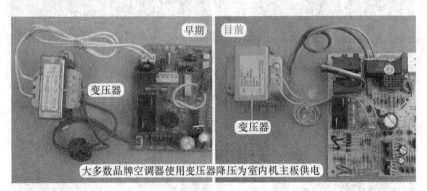

图 5-6　电源电路

2. CPU 三要素电路

CPU 三要素电路对比见图 5-7。CPU 三要素电路是 CPU 正常工作的必备电路，包含直流 5V 供电电路、晶振电路、复位电路。

无论是早期还是目前的室内机主板，三要素电路工作原理完全相同，即使不同也只限于使用元件的型号。

图 5-7　室内机 CPU 三要素电路

3. 传感器电路

传感器电路对比见图 5-8。作用是为 CPU 提供温度信号，环温传感器检测房间温度，管温传感器检测蒸发器温度。

早期和目前的室内机主板传感器电路相同，均是由环温传感器和管温传感器组成。

4. 接收器电路、应急开关电路

接收器和应急开关电路对比见图 5-9。接收器电路将遥控器发射的遥控信号传送至 CPU，应急开关电路在无遥控器时可以操作空调器的运行。

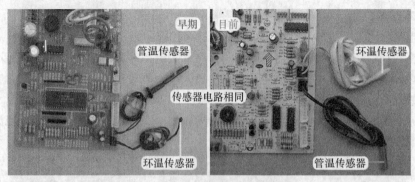

图 5-8　传感器电路

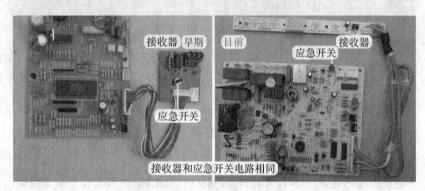

图 5-9　接收器和应急开关电路

早期和目前的室内机主板两者电路基本相同，即使不同也只限于应急开关的设计位置或型号，及目前生产的接收器表面涂有绝缘胶（减少空气中水分引起的漏电概率）。

5. 过零检测电路

过零检测电路对比见图 5-10。作用是为 CPU 提供过零信号，以便 CPU 驱动光耦晶闸管（俗称光耦可控硅）。

使用变压器供电的主板，检测元件为 NPN 型三极管，取样电压为变压器二次绕组整流电路；使用开关电源电路供电的主板，检测元件为光耦，取样电压为交流 220V 输入电源。

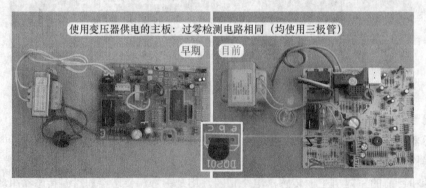

图 5-10　过零检测电路

6. 显示电路

显示电路对比见图 5-11。作用是显示空调器的运行状态。

早期多使用单色的发光二极管，目前多使用双色的发光二极管，或者使用指示灯加数码管组合的方式。

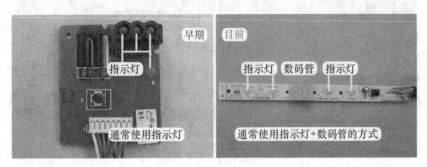

图 5-11　指示灯电路

7. 蜂鸣器电路、主控继电器电路

蜂鸣器和主控继电器电路对比见图 5-12。蜂鸣器电路提示已接收到遥控器信号或应急开关信号，并且已处理；主控继电器电路为室外机供电。

早期和目前的主板两者电路相同。

说明：

有些空调器蜂鸣器发出响声为和弦音。

图 5-12　蜂鸣器和主控继电器电路

8. 步进电机电路

步进电机电路对比见图 5-13。作用是带动导风板上下旋转运行。

早期和目前的主板电路相同。

说明：

有些空调器也使用步进电机驱动左右导风板。

9. 室内风机（PG 电机）驱动电路、霍尔反馈电路

室内风机驱动和霍尔反馈电路对比见图 5-14。室内风机驱动电路改变 PG 电机的转速，

霍尔反馈电路向 CPU 输入代表 PG 电机实际转速的霍尔信号。

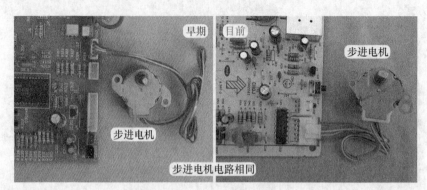

图 5-13　步进电机电路

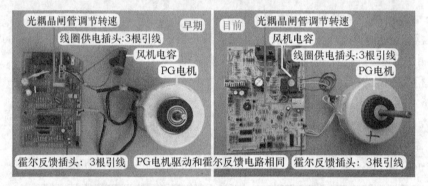

图 5-14　PG 电机驱动电路和霍尔反馈电路

早期和目前的主板两者电路相同。

第2节　室外机电控基础

一、电控系统组成

1. 硬件组成

图 5-15 为室外机电控系统电气接线图，图 5-16 为室外机电控系统实物图（不含压缩机、室外风机、端子排等）。

从图 5-15 上可以看出，室外机电控系统由主板（AP1）、滤波电感（L）、压缩机、压缩机顶盖温度开关（压缩机过载）、室外风机（风机）、四通阀线圈（4YV）、室外环温传感器（环境感温包）、室外管温传感器（管温感温包）、压缩机排气传感器（排气感温包）、端子排（XT）组成。

2. 室外机主板电路方框图

图 5-17 为室外机主板电路方框图，由方框图可知，主板主要由 5 部分电路组成，即电源

电路、输入部分电路、输出部分电路、模块电路、通信电路。

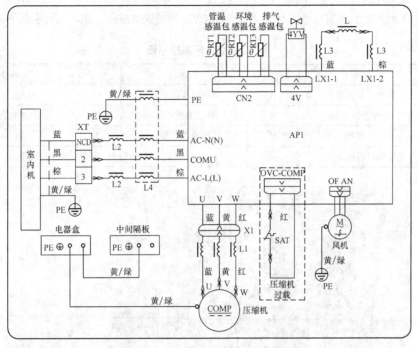

图 5-15　室外机电控系统电气接线图

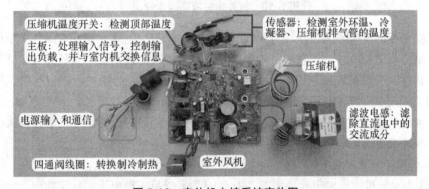

图 5-16　室外机电控系统实物图

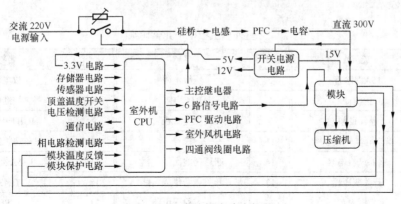

图 5-17　室外机电路方框图

3. 室外机主板插座

表 5-2 为室外机主板插座明细，图 5-18 为室外机主板插座实物图，插座引线的代号以英文字母表示。由于室外机只设有 1 块主板，将室外机 CPU 和模块集成在一起，因此主板的插座较少。

表 5-2 　　　　　　　　　　　　室外机主板插座明细

标号	名称	标号	名称	标号	名称
A	棕线：相线输入	B	蓝线：零线输入	C	黑线：通信
D	黄绿色：地线	E	滤波电感输入	F	滤波电感输出
G	压缩机	H	四通阀线圈	I	室外风机
J	压缩机温度开关	K	室外环温-管温-压缩机排气传感器		

图 5-18　室外机主板插座实物图

室外机主板供电后才能工作，为其供电有电源 L 输入、电源 N 输入、地线 3 个端子；为了和室内机主板通信，设有通信线；输入部分设有室外环温传感器、室外管温传感器、压缩机排气传感器、压缩机顶盖开关；主板上设有室外环温 - 室外管温 - 压缩机排气传感器插座、压缩机顶盖温度开关插座；直流 300V 供电电路中设有外置滤波电感，外接有滤波电感的 2 个插头；输出负载有压缩机、室外风机、四通阀线圈，相对应设有压缩机对接插头、室外风机插座、四通阀线圈插座。

4. 室外机主板电子元件

表 5-3 为室外机主板电子元件明细，图 5-19 为室外机主板电子元件实物图，电子元件以阿拉伯数字表示。

表 5-3 　　　　　　　　　　　　室外机主板电子元件明细

标号	名称	标号	名称	标号	名称
1	15A保险管	2	压敏电阻	3	放电管
4	扼流圈	5	PTC电阻	6	主控继电器
7	整流硅桥	8	快恢复二极管	9	IGBT开关管
10	滤波电容（2个）	11	模块	12	室外风机继电器
13	室外风机电容	14	四通阀线圈继电器	15	3.15A保险管
16	开关变压器	17	开关电源集成电路	18	TL431
19	稳压光耦	20	3.3V稳压电路	21	CPU

续表

标号	名称	标号	名称	标号	名称
22	存储器	23	相电流放大集成电路	24	PFC取样集成电路
25	模块保护集成电路	26	PFC取样电阻	27	模块电流取样电阻
28	电压取样电阻	29	PFC驱动集成电路	30	反相驱动器
31	发光二极管	32	通信电源降压电阻	33	通信电源滤波电容
34	通信电源稳压二极管	35	发送光耦	36	接收光耦

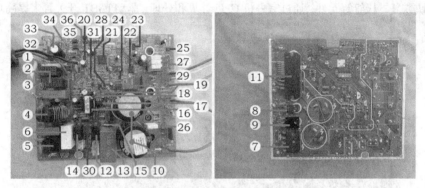

图 5-19　室外机主板电子元件实物图

二、单元电路对比

本小节选用早期和目前的典型变频空调器的主板单元电路进行对比，使读者对主板有初步了解。早期主板选用海信 KFR-2601GW/BP 交流变频空调器，目前主板选用格力 KFR-32GW/（32556）FNDe-3 直流变频空调器。

1. 直流 300V 电压形成电路

直流 300V 电压形成电路对比见图 5-20。作用是将输入的交流 220V 电压转换为平滑的直流 300V 电压，为模块和开关电源电路供电。

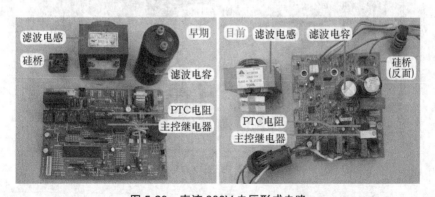

图 5-20　直流 300V 电压形成电路

早期和目前的电控系统均是由 PTC 电阻、主控继电器、硅桥、滤波电感、滤波电容等 5 个主要部件组成。

不同之处在于滤波电容的结构形式，早期电控系统通常由 1 个容量较大的电容组成，目前电控系统通常由 2 ～ 4 个容量较小的电容并联组成。

2. PFC 电路

PFC 含义为功率因数校正，该电路的作用是提高功率因数，减少电网干扰和污染。

早期空调器通常使用无源 PFC 电路，见图 5-21 左图。在整流电路中增加滤波电感，通过 LC（滤波电感和电容）来提高功率因数。

目前空调器通常使用有源 PFC 电路，见图 5-21 右图。在无源 PFC 基础上主要增加了 IGBT 开关管、快恢复二极管等元件，通过室外机 CPU 计算和处理，驱动 IGBT 开关管来提高功率因数。

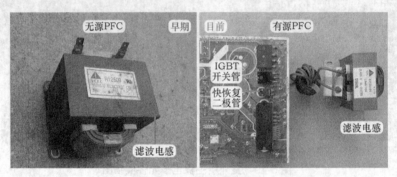

图 5-21　PFC 电路

3. 开关电源电路

开关电源电路对比见图 5-22。变频空调器的室外机电源电路，全部使用开关电源电路，为室外机主板提供直流 12V 和 5V 电压，为模块内部控制电路提供直流 15V 电压。

早期主板通常由分立元件组成，以开关管和开关变压器为核心，输出的直流 15V 电压通常为 4 路。

目前主板通常使用集成电路的形式，以集成电路和开关变压器为核心，直流 15V 电压通常为单路输出。

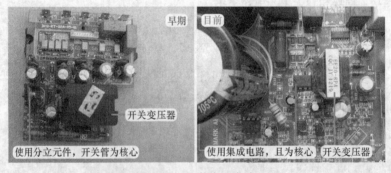

图 5-22　开关电源电路

4. CPU 三要素电路

CPU 三要素电路是 CPU 正常工作的必备电路，具体内容参见室内机 CPU。

早期和目前大多数空调器主板的 CPU 三要素电路原理均相同，见图 5-23 左图。供电为直流 5V，设有外置晶振和复位电路。

格力变频空调器室外机主板 CPU 使用 DSP 芯片，见图 5-23 右图。供电为直流 3.3V，无外置晶振。

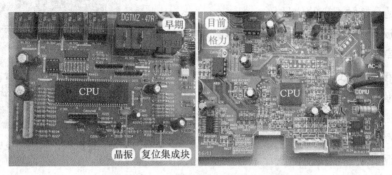

图 5-23 室外机 CPU 三要素电路

5. 存储器电路

存储器电路对比见图 5-24。作用是存储相关参数和数据，供 CPU 运行时调取使用。

存储器型号：早期主板多使用 93C46，目前主板多使用 24CXX 系列（24C01、24C02、24C04 等）。

图 5-24 存储器电路

6. 传感器电路、压缩机顶盖温度开关电路

传感器和压缩机顶盖温度开关电路对比见图 5-25。作用是为 CPU 提供温度信号，室外环温传感器检测室外环境温度，室外管温传感器检测冷凝器温度，压缩机排气传感器检测压缩机排气管温度，压缩机顶盖温度开关检测压缩机顶部温度是否过高。

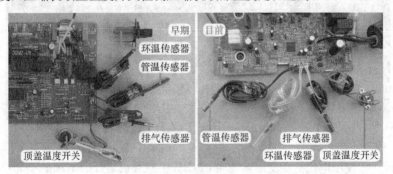

图 5-25 温度开关电路

早期和目前的主板两者电路相同。

7. 瞬时停电检测电路

瞬时停电检测电路见图 5-26。作用是向 CPU 提供输入市电电压是否接触不良的信号。

早期主板使用光耦检测，目前主板则不再设计此电路，通常由室内机 CPU 检测过零信号，通过软件计算得出输入的市电电压是否正常。

8. 电压检测电路

电压检测电路对比见图 5-27。作用是向 CPU 提供输入市电电压的参考信号。

图 5-26　瞬时停电检测电路

早期主板多使用电压检测变压器，向 CPU 提供随市电变化而变化的电压，CPU 内部电路根据软件计算出相应的市电电压值。

目前主板 CPU 通过检测直流 300V 电压，由软件计算出相应的交流市电电压值，起到间接检测市电电压的目的。

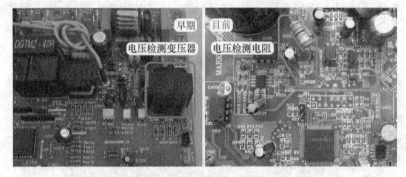

图 5-27　电压检测电路

9. 电流检测电路

电流检测电路对比见图 5-28。作用是提供室外机运行电流信号或压缩机运行电流信号，由 CPU 通过软件计算出实际的运行电流值，以便更好地控制压缩机。

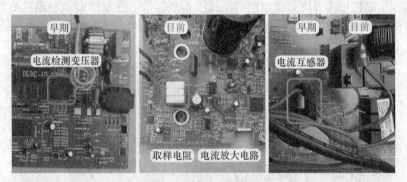

图 5-28　电流检测电路

早期主板通常使用电流检测变压器，向 CPU 提供室外机运行的电流参考信号。

目前主板由模块其中的一个引脚，或模块电流取样电阻，输出代表压缩机运行的电流参考信号，由外部电路将电流信号放大后提供给 CPU，通过软件计算出压缩机实际运行电流值。

> 早期和目前的主板还有另外一种常见形式，就是使用电流互感器。

10. 模块保护电路

模块保护电路对比见图 5-29。模块保护信号由模块输出，送至室外机 CPU。

早期主板模块输出的信号经光耦耦合送至室外机 CPU，目前主板模块输出的信号直接送至室外机 CPU。

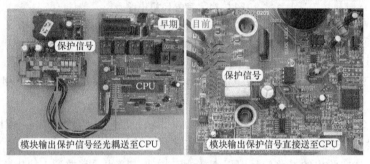

图 5-29　模块保护电路

11. 主控继电器电路、四通阀线圈电路

主控继电器和四通阀线圈电路对比见图 5-30。主控继电器电路控制主控继电器触点的导通与断开，四通阀线圈电路控制四通阀线圈供电与失电。

早期和目前主板两者电路相同。

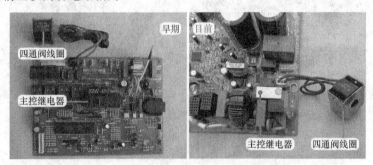

图 5-30　主控继电器和四通阀线圈电路

12. 室外风机电路

室外风机电路对比见图 5-31，作用是控制室外风机运行。

早期空调器室外风机一般为两挡风速或 3 挡风速，室外机主板有两个或 3 个继电器；目前空调器室外风机转速一般只有 1 个挡位，室外机主板只设有 1 个继电器。

说明：

> 目前空调器部分品牌的机型，也有使用两挡或 3 挡风速的室外风机；如果为全直流变频空调器，室外风机供电为直流 300V，不再使用继电器。

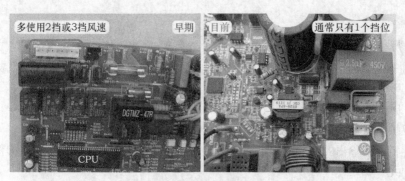

图 5-31　室外风机电路

13. 6 路信号电路

6 路信号电路对比见图 5-32。6 路信号由室外机 CPU 输出，通过控制模块内部 6 个 IGBT 开关管的导通与截止，将直流 300V 电压转换为频率与电压均可调的模拟三相交流电，驱动压缩机运行。

早期主板 CPU 输出的 6 路信号不能直接驱动模块，需要使用光耦传递，因此模块与室外机 CPU 通常设计在 2 块电路板上，中间通过连接线连接。

目前主板 CPU 输出的 6 路信号可以直接驱动模块，因此通常做到 1 块电路板上，不再使用连接线和光耦。

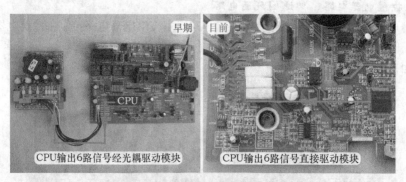

图 5-32　6 路信号电路

第3节　主要元器件

一、电子膨胀阀

1. 基础知识

（1）安装位置

见图 5-33，电子膨胀阀通常是垂直安装在室外机，其在制冷系统中的作用和毛细管相同，即降压节流和调节制冷剂流量。

图 5-33　安装位置

（2）电子膨胀阀组件

见图 5-34，电子膨胀阀组件由线圈和阀体组成，线圈连接室外机电控系统，阀体连接制冷系统，其中线圈通过卡箍卡在阀体上面。

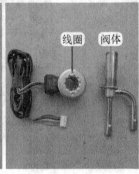

图 5-34　电子膨胀阀组件

（3）主要部件

见图 5-35，阀体主要由转子、阀杆、底座组成，和线圈一起称为电子膨胀阀的四大部件。

线圈：相当于定子，将电控系统输出的电信号转换为磁场，从而驱动转子转动。

转子：由永久磁铁构成，顶部连接阀杆，工作时接受线圈的驱动，做正转或反转的螺旋回转运动。

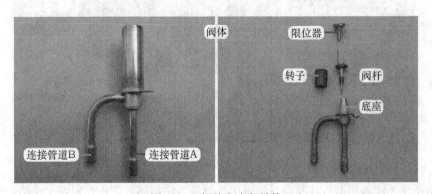

图 5-35　阀体和内部结构

阀杆：通过中部的螺丝固定在底座上面。由转子驱动，工作时转子带动阀杆做上行或下行的直线运动。

底座：主要由黄铜组成，上方连接阀杆，下方引出两个管子连接制冷系统。

辅助部件设有限位器和圆筒铁皮。

（4）制冷剂流向

示例电子膨胀阀连接管道为 h 型，共有两根铜管与制冷系统连接。假定正下方的竖管称为 A 管，其连接二通阀；横管称为 B 管，其连接冷凝器出管。

制冷模式：见图 5-36 左图，制冷剂流动方向为 B → A，冷凝器流出低温高压液体，经毛细管和电子膨胀阀双重节流后变为低温低压液体，再经二通阀由连接管道送至室内机的蒸发器。

制热模式：见图 5-36 右图，制冷剂流动方向为 A → B，蒸发器（此时相当于冷凝器出口）流出低温高压液体，经二通阀送至电子膨胀阀和毛细管双重节流，变为低温低压液体，送至冷凝器出口（此时相当于蒸发器进口）。

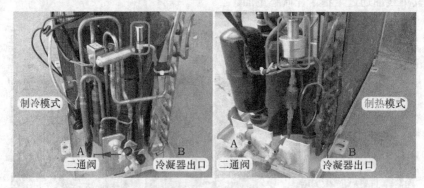

图 5-36　制冷剂流向

2. 测量线圈阻值

线圈根据引线数量分为两种：1 种为 6 根引线，其中有两根引线连在一起为公共端接电源直流 12V，余下 4 根引线接 CPU 控制；另 1 种为 5 根引线，见图 5-37，1 根为公共端接直流 12V（示例为蓝线），余下 4 根接 CPU 控制（黑线、黄线、红线、橙线）。

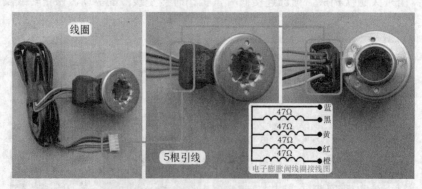

图 5-37　线圈

测量电子膨胀阀线圈方法与测量步进电机线圈方法相同，使用万用表电阻挡，黑表笔接公共端蓝线，红表笔测量 4 根控制引线。见图 5-38，蓝与黑、蓝与黄、蓝与红、蓝与橙的阻值均为 47Ω。

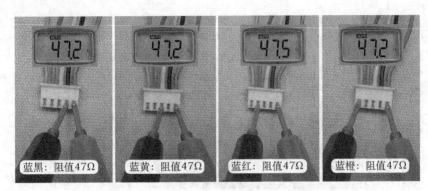

图 5-38　测量公共端和驱动引线阻值

4 根接驱动控制的引线之间阻值，应为公共端与 4 根引线阻值的 2 倍。见图 5-39，实测黑与黄、黑与红、黑与橙、黄与红、黄与橙、红与橙阻值相等，均为 94Ω。

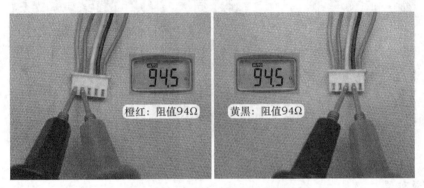

图 5-39　测量驱动引线之间阻值

二、PTC 电阻

1. 作用

PTC 电阻为正温度系数热敏电阻，阻值随温度上升而变大，与室外机主控继电器触点并联。室外机初次通电，主控继电器因无工作电压触点断开，交流 220V 电压通过 PTC 电阻对滤波电容充电，PTC 电阻通过电流时由于温度上升阻值也逐渐变大，从而限制充电电流，防止由于电流过大造成损坏硅桥等故障。在室外机供电正常后，CPU 控制主控继电器触点闭合，PTC 电阻便不起作用。

2. 安装位置

见图 5-40，PTC 电阻安装在室外机主板主控继电器附近，引脚与继电器触点并联，外观为黑色的长方体电子元件，共有两个引脚。

3. 外置式 PTC 电阻

见图 5-41，早期空调器使用外置式 PTC 电阻，没有安装在室外机主板上面，安装在室外机电控盒内，通过引线和室外机主板连接。外置式 PTC 电阻主要由 PTC 元件、绝缘垫片、接线端子、外壳、顶盖等组成。

图 5-40　安装位置和实物外形

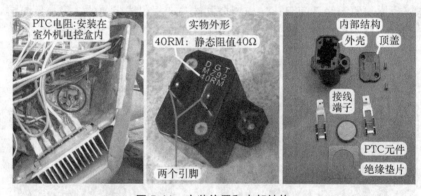

图 5-41　安装位置和内部结构

4. 测量阻值

见图 5-42 左图，PTC 使用型号通常为 25℃ /47Ω，常温下测量阻值为 50Ω 左右，表面温度较高时测量阻值为无穷大。常见为开路故障，即常温下测量阻值为无穷大。

由于 PTC 电阻两个引脚与室外机主控继电器两个触点并联，使用万用表电阻挡，见图 5-42 右图，测量继电器的两个端子（触点）就相当于测量 PTC 电阻的两个引脚，实测阻值约为 50Ω。

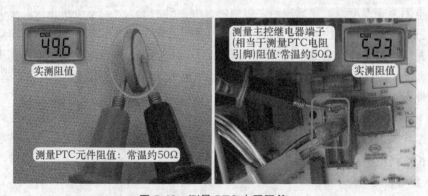

图 5-42　测量 PTC 电阻阻值

三、硅桥

1. 作用

硅桥内部为 4 个整流二极管组成的桥式整流电路，将交流 220V 电压整流成为脉动的直流 300V 电压。

由于硅桥工作时需要通过较大的电流，功率较大且有一定的热量，因此通常与模块一起固定在大面积的散热片上。

2. 引脚作用和辨认方法

硅桥共有 4 个引脚，分别为两个交流输入端和两个直流输出端。两个交流输入端接交流 220V，使用时没有极性之分。两个直流输出端中的正极经滤波电感接滤波电容正极，负极直接与滤波电容负极相连。

方形硅桥：见图 5-43 左图，其中的 1 角有豁口，对应引脚为直流正极，对角线引脚为直流负极，其他两个引脚为交流输入端（使用时不分极性）。

扁形硅桥：见图 5-43 右图，其中 1 侧有 1 个豁口，对应引脚为直流正极，中间两个引脚为交流输入端，最后 1 个引脚为直流负极。

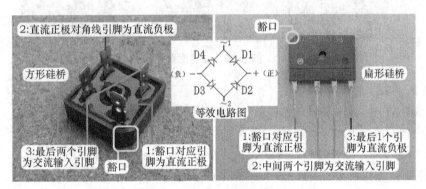

图 5-43　引脚功能辨认方法

四、滤波电感

1. 作用和实物外形

根据电感线圈"通直流、隔交流"的特性，阻止由硅桥整流后直流电压中含有的交流成分通过，使输送滤波电容的直流电压更加平滑、纯净。

实物外形见图 5-44，将较粗的电感线圈按规律绕制在铁芯上，即组成滤波电感。只有两个接线端子，没有正反之分。

2. 安装位置

见图 5-45 左图，滤波电感通电时会产生电磁频率，且自身较重容易产生噪声，为防止对主板控制电路产生干扰，早期的空调器通常将滤波电感设计在室外机底座上面。

由于滤波电感安装在底座上容易因化霜水浸泡出现漏电故障，目前的空调器通常将滤波电感设计在挡风隔板的中部或电控盒的顶部，见图 5-45 中图和右图。

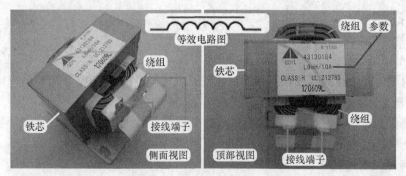

图 5-44　滤波电感实物外形

图 5-45　安装位置

3. 测量方法

见图 5-46 左图，测量滤波电感阻值时，使用万用表电阻挡，阻值约 1Ω。

早期空调器滤波电感位于室外机底部，外部有铁壳包裹，直接测量其接线端子不是很方便。见图 5-46 右图，检修时可以测量 2 个连接引线的插头阻值，实测阻值约 1Ω。如果实测阻值为无穷大，应检查滤波电感上引线插头是否正常。

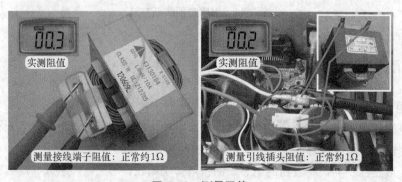

图 5-46　测量阻值

五、滤波电容

1. 作用

滤波电容实际为容量较大（约 2000μF）、耐压较高（直流 400V）的电解电容。根据电容

"通交流、隔直流"的特性，对滤波电感输送的直流电压再次滤波，将其中含有的交流成分直接入地，使供给模块 P、N 端的直流电压平滑、纯净，不含交流成分。

2. 引脚作用

滤波电容共有两个引脚，分别是正极和负极。正极接模块 P 端子、负极接模块 N 端子，负极引脚对应有"｜"状标志。

3. 分类

按电容个数分类，有两种形式：即单个电容或几个电容并联组成。

（1）单个电容

单个电容见图 5-47。由 1 个耐压 400V、容量 2200μF 左右的电解电容，对直流电压滤波后为模块供电，常见于早期生产的挂式变频空调器或目前的柜式变频空调器，电控盒内设有专用安装位置。

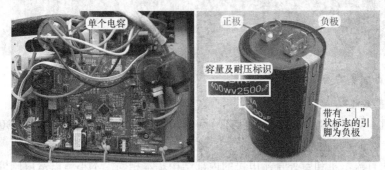

图 5-47　单个电容

（2）多个电容并联

多个电容并联见图 5-48。由 2～4 个耐压 400V、容量 560μF 左右的电解电容并联组成，对直流电压滤波后为模块供电，总容量为单个电容标注容量相加。常见于目前生产的变频空调器，直接焊在室外机主板上。

图 5-48　电容并联

六、直流电机

1. 作用

直流电机应用在全直流变频空调器的室内风机和室外风机，安装位置见图 5-49。作用与安装位置和普通定频空调器室内机的 PG 电机、室外机的轴流电机相同。

室内直流电机带动室内风扇（贯流风扇或离心风扇）运行，制冷时将蒸发器产生的冷量输送到室内。

室外直流电机带动室外风扇（轴流风扇）运行，制冷时将冷凝器产生的热量排放到室外，吸入自然空气为冷凝器降温。

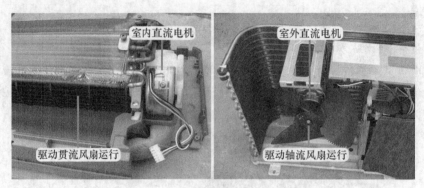

图 5-49　室内和室外直流电机安装位置

2. 剖解直流电机

直流电机和交流电机的最主要区别有两点：一是直流电机供电电压为直流 300V；二是转子为永磁铁，直流电机也称为无刷直流电机。

由于室内直流电机和室外直流电机的内部结构基本相同，本小节以室内风机使用的直流电机为例，介绍内部结构等知识。

（1）实物外形和组成

见图 5-50 左图，示例电机为松下公司生产，型号为 ARW40N8P30MS，8 极（转速约 750 r/min），功率为 30W，供电为直流 280 ～ 340V。

见图 5-50 右图，直流电机由上盖、转子（上轴承、下轴承）、定子（内含线圈和下盖）、控制电路板（主板）组成。

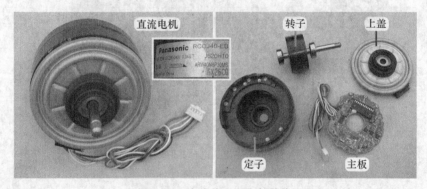

图 5-50　实物外形和内部结构

（2）主板

见图 5-51，电机内部设有主板，主要由控制电路集成块、3 个驱动电路集成块、1 个模块、1 束连接线（共 5 根引线）组成。

主要元件均位于主板正面，反面只设有简单的贴片元件。由于模块运行时热量较大，其表面涂有散热硅脂，紧贴在上盖，由上盖的铁壳为模块散热。

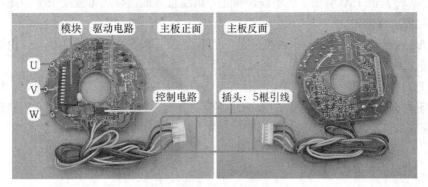

图 5-51　主板

（3）5 根连接线

见图 5-52，无论是室内直流电机或室外直流电机，插头均只有 5 根连接线，插头一端连接电机内部的主板，插头另一端和室内机或室外机主板相连，为电控系统构成通路。

图 5-52　5 根连接线

插头引线作用见图 5-53。

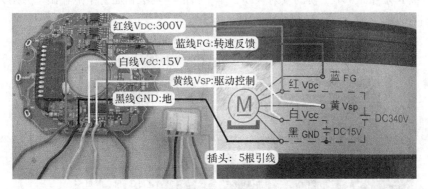

图 5-53　连接线作用

红线 V_{DC}：直流 300V 电压正极引线，和②号黑线直流地组合成为直流 300V 电压，为主板内模块供电，其输出电压驱动电机线圈。

黑线 GND：直流电压 300V 和 15V 的公共端地线。

白线 V_{CC}：直流 15V 电压正极引线，和②号黑线直流地组合成为直流 15V 电压，为主板的弱信号控制电路供电。

黄线 V_{SP}：驱动控制引线，室内机或室外机主板 CPU 输出的转速控制信号，由驱动控制引线送至电机内部控制电路，控制电路处理后驱动模块可改变电机转速。

蓝线 FG：转速反馈引线，直流电机运行后，内部主板输出实时的转速信号，由转速反馈引线送到室内机或室外机主板，供 CPU 分析判断，并与目标转速相比较，使实际转速和目标转速相对应。

七、模块

1. 内部结构

模块内部开关管方框简图见图 5-54，实物图见图 5-55。模块最核心的部件是 IGBT 开关管，压缩机有 3 个接线端子，模块需要 3 组独立的桥式电路，每组桥式电路由上桥和下桥组成，因此模块内部共设有 6 个 IGBT 开关管，分别称为 U 相上桥（U+）和下桥（U-）、V 相上桥（V+）和下桥（V-）、W 相上桥（W+）和下桥（W-），由于工作时需要通过较大的电流，6 个 IGBT 开关管固定在面积较大的散热片上面。

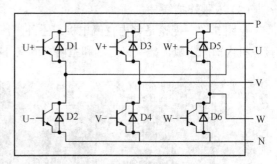

图 5-54　模块内部开关管方框简图

图 5-55 中 IGBT 开关管的型号是东芝 GT20J321，为绝缘栅双极型晶体管，共有 3 个引脚，从左到右依次为 G（控制极）、C（集电极）、E（发射极），内部 C 极和 E 极并联有续流二极管。

室外机 CPU（或控制电路）输出的 6 路信号（弱电），经驱动电路放大后接 6 个 IGBT 开关管的控制极，3 个上桥的集电极接直流 300V 的正极 P 端子，3 个下桥的发射极接直流 300V 的负极 N 端子，3 个上桥的发射极和 3 个下桥的集电极相通为中点输出，分别为 U、V、W 接压缩机线圈。

图 5-55　IGBT 开关管

2. IPM 模块

见图 5-56，严格意义的 IPM 模块，是一种智能的模块，将 IGBT 连同驱动电路和多种保护电路封装在同一模块内，从而简化了设计，提高了稳定性。IPM 模块只有固定在外围电路的控制基板上，才能组成模块板组件。

仙童IPM模块　FSBB15CH60

图 5-56　IPM 模块

3. 工作原理

模块可以简单地看作是电压转换器。室外机主板 CPU 输出 6 路信号，经模块内部驱动电路放大后控制 IGBT 开关管的导通与截止，将直流 300V 电压转换成与频率成正比的模拟三相交流电（交流 30 ～ 220V、频率 15 ～ 120Hz），驱动压缩机运行。

三相交流电压越高，压缩机转速及输出功率（制冷效果）也越高；反之，三相交流电压越低，压缩机转速及输出功率（制冷效果）也就越低。三相交流电压的高低由室外机 CPU 输出的 6 路信号决定。

4. 测量模块

无论任何类型的模块使用万用表测量时，内部控制电路工作是否正常均不能判断，只能对内部 6 个开关管做简单的检测。

从图 5-54 所示的模块内部 IGBT 开关管方框简图可知，万用表显示值实际为 IGBT 开关管并联 6 个续流二极管的测量结果，因此应选择二极管检测挡，且 P、N、U、V、W 端子之间应符合二极管的特性。

各个空调器的模块测量方法基本相同，本小节以测量海信空调器一款模块为例，介绍模块测量方法，实物见图 5-57。

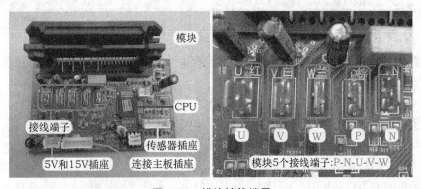

图 5-57　模块接线端子

（1）测量 P、N 端子

相当于 D1 和 D2（或 D3 和 D4、D5 和 D6）串联。

见图 5-58 左图，红表笔接 P、黑表笔接 N，为反向测量，结果为无穷大。

见图 5-58 右图，红表笔接 N、黑表笔接 P，为正向测量，结果为 817mV。

如果正反向测量结果均为无穷大，为模块 P、N 端子开路；如果正反向测量结果均接近 0 mV，为模块 P、N 端子短路。

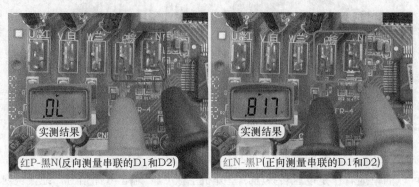

图 5-58　测量 P、N 端子

（2）测量 P 与 U、V、W 端子

相当于测量 D1、D3、D5。

红表笔接 P，黑表笔接 U、V、W，为反向测量，测量过程见图 5-59，3 次结果相同，均为无穷大。

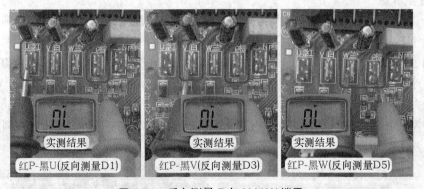

图 5-59　反向测量 P 与 U-V-W 端子

红表笔接 U、V、W，黑表笔接 P，为正向测量，测量过程见图 5-60，3 次结果相同，均为 450mV。

如果反向测量或正向测量时 P 与 U、V、W 端结果接近 0mV，则说明模块 PU、PV、PW 结击穿。实际损坏时有可能是 PU、PV 结正常，PW 结击穿。

（3）测量 N 与 U、V、W 端子

相当于测量 D2、D4、D6。

红表笔接 N，黑表笔接 U、V、W，为正向测量，测量过程见图 5-61，3 次结果相同，均为 451mV。

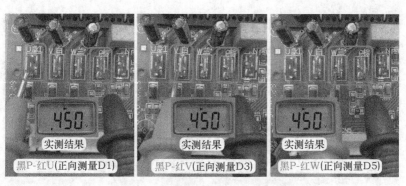

图 5-60　正向测量 P 与 U-V-W 端子

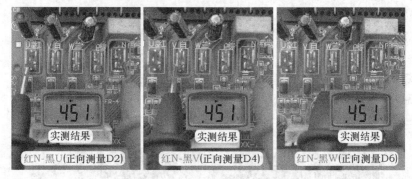

图 5-61　正向测量 N 与 U-V-W 端子

红表笔接 U、V、W，黑表笔接 N，为反向测量，测量过程见图 5-62，3 次结果相同，均为无穷大。

如果反向测量或正向测量时，N 与 U、V、W 端结果接近 0mV，则说明模块 NU、NV、NW 结击穿。实际损坏时有可能是 NU、NW 结正常，NV 结击穿。

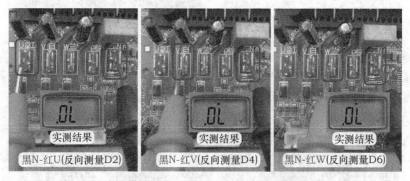

图 5-62　反向测量 N 与 U-V-W 端子

（4）测量 U、V、W 端子

测量过程见图 5-63，由于模块内部无任何连接，U、V、W 端子之间无论正反向测量，结果相同均为无穷大。

如果结果接近 0mV，则说明 UV、UW、VW 结击穿。实际维修时 U、V、W 之间击穿损坏比例较少。

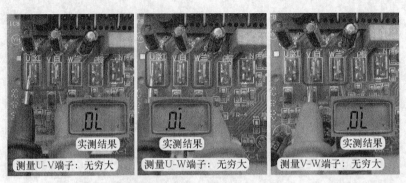

图 5-63　测量 U、V、W 端子

八、压缩机

1. 安装位置

见图 5-64，压缩机安装在室外机右侧，也是室外机重量最重的器件，其管道（吸气管和排气管）连接制冷系统，接线端子上引线（U-V-W）连接电控系统中的模块。

图 5-64　压缩机安装位置和系统引线

2. 实物外形

变频压缩机实物外形见图 5-65。其为制冷系统的心脏，通过运行使制冷剂在制冷系统保持流动和循环，其外观和定频压缩机基本相同。

图 5-65　变频压缩机实物外形

压缩机由三相感应电机和压缩系统两部分组成，模块输出频率与电压均可调的模拟三相交流电为三相感应电机供电，电机带动压缩系统工作。

模块输出电压变化时电机转速也随之变化，转速变化范围约 1500 ～ 9000r/min，压缩系统的输出功率（制冷量）也发生变化，从而达到在运行时调节制冷量的目的。

3. 分类

根据工作方式主要分为交流变频压缩机和直流变频压缩机。

交流变频压缩机：应用在早期的变频空调器中，使用三相感应电机。示例为西安庆安公司生产的交流变频压缩机铭牌，见图 5-66 左图。其为三相交流供电，工作电压为交流 60 ～ 173V，频率 30 ～ 120Hz，使用 R22 制冷剂。

直流变频压缩机：应用在目前的变频空调器中，使用无刷直流电机，工作电压为连续但极性不断改变的直流电。示例为三菱直流变频压缩机铭牌，见图 5-66 右图。其为直流供电，工作电压为 27 ～ 190V，频率 30 ～ 390Hz，功率 1245W，制冷量为 4100W，使用 R410A 制冷剂。

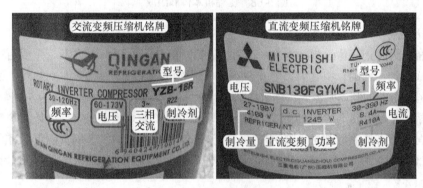

图 5-66　压缩机铭牌

4. 剖解变频压缩机

本小节以上海日立 SGZ20EG2UY 交流变频压缩机为例，介绍内部结构、实物外形、工作原理等。

（1）组成

见图 5-67 左图，从外观上看，压缩机由外置储液瓶和本体组成。

见图 5-67 右图，压缩机本体由壳体（上盖、外壳、下盖）、压缩组件、电机共 3 大部分组成。

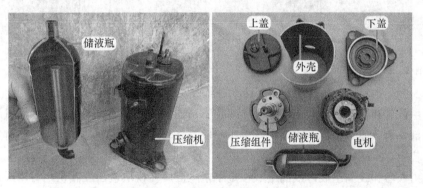

图 5-67　压缩机内部结构

见图 5-68 左图，取下外置储液瓶后，吸气管和位于下部的压缩组件直接相连，排气管位于顶部；电机组件位于上部，其引线和顶部的接线端子直接相连。

压缩机本体由压缩组件和电机组件组成，见图 5-68 右图。

图 5-68　压缩机本体和组成

（2）储液瓶

储液瓶是为防止液体的制冷剂进入压缩机的保护部件，见图 5-69 左图。主要由过滤网和虹吸管组成。过滤网的作用是为了防止杂质进入压缩机，虹吸管底部设有回油孔，可使进入制冷系统的润滑油顺利地回流到压缩机内部。

储液瓶工作示意图见图 5-69 右图。储液瓶顶部的吸气管连接蒸发器，如果制冷剂没有完全气化即含有液态的制冷剂进入储液瓶后，因液态制冷剂本身比气态制冷剂重，将直接落入储液瓶底部，气态制冷剂则经虹吸管进入压缩机内部，从而防止压缩组件吸入液态制冷剂而造成液击损坏。

图 5-69　储液瓶

（3）电机

见图 5-70，电机部分由转子和定子两部分组成。

转子由铁芯和平衡块组成。转子的上部和下部均安装有平衡块，以减少压缩机运行的振动；中间部位为鼠笼式铁芯，由硅钢片叠压而成，其长度和定子铁芯相同，安装时定子铁芯和转子铁芯相对应；转子中间部分的圆孔安装主轴，以带动压缩组件工作。

定子由铁芯和线圈组成，线圈镶嵌在定子槽里面。在模块输出三相供电时，经连接线至线圈的 3 个接线端子，线圈中通过三相对称的电流，在定子内部产生旋转磁场，此时转子铁芯与旋转磁场之间存在相对运动，切割磁力线而产生感应电动势，转子中有电流通过，转子电流和定子磁场相互作用，使转子中形成电磁力，转子便旋转起来，通过主轴从而带动压缩部分组件工作。

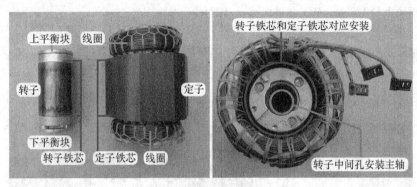

图 5-70　转子和定子

（4）电机引线

见图 5-71，电机的线圈引出 3 根引线，安装至上盖内侧的 3 个接线端子上面。

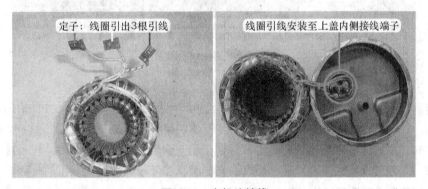

图 5-71　电机连接线

相对应的上盖外侧也只有 3 个接线端子，标号为 U、V、W，连接至模块的引线也只有 3 根，引线连接压缩机端子标号和模块标号应相同。见图 5-72，示例机型 U 端子为红线、V 端子为白线、W 端子为蓝线。

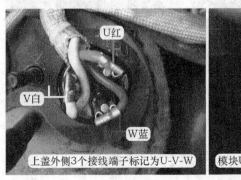

图 5-72　变频压缩机引线

无论是交流变频压缩机或直流变频压缩机，均有 3 个接线端子，标号分别为 U、V、W，和模块上的 U、V、W3 个接线端子对应连接。

（5）测量线圈阻值

见图 5-73，使用万用表电阻挡，测量 3 个接线端子之间阻值，UV、UW、VW 阻值相等，即 UV=UW=VW，实测阻值为 1.5Ω 左右。

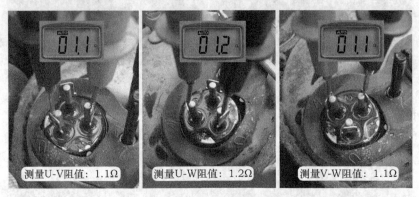

测量U-V阻值：1.1Ω　　测量U-W阻值：1.2Ω　　测量V-W阻值：1.1Ω

图 5-73　测量线圈阻值

（6）工作原理

压缩机工作原理示意图见图 5-74。当需要控制压缩机运行时，室外机 CPU 输出 6 路信号使模块 U、V、W 输出三相均衡的交流电，经顶部的接线端子送至电机线圈的 3 个端子，定子产生旋转磁场，转子产生感应电动势，与定子相互作用，转子转动起来，转子转动时带动主轴旋转，主轴带动压缩组件工作，吸气口开始吸气，经压缩成高温高压的气体后由排气口排出，系统的制冷剂循环工作，空调器开始制冷或制热。

模块输出供电　　线圈产生磁场　转子转动　　压缩组件工作

吸气口吸气　　排气口排气

图 5-74　压缩机工作原理示意图

第 6 章
通信电路和直流电机电路故障

23

第1节　通信电路故障

一、加长连接线断路

故障说明：海尔 KFR-35GW/01（R2DBP）-S3 挂式直流变频空调器，用户反映不制冷，室内机显示 E7，查看代码含义为通信故障（连续 4min 后确认）。上门检查，使用遥控器开机，室内机主控继电器触点闭合向室外机供电，但室外风机和压缩机均不运行，约 4min 后室内机显示 E7 代码，说明通信电路出现故障。

1. 测量室外机通信电压

将空调器重新上电开机，检查室外机，使用万用表交流电压挡，黑表笔接 1 号零线 N 端、红表笔接 2 号 L 端测量电压，实测约 220V，说明室内机已向室外机输出供电。

见图 6-1 左图，由于本机通信电路专用电源直流 140V 设在室外机，将万用表挡位改为直流电压挡，黑表笔不动，依旧接 1 号零线 N 端，红表笔接 3 号通信 C 端测量电压，实测为 130V，初步判断室外机基本正常。

图 6-1　测量室外机通信电压

见图 6-1 右图，为准确判断，取下 3 号 C 端的通信红线，黑表笔依旧接 1 号零线 N 端，红表笔接 3 号通信 C 端测量电压，实测为 134V，也确定室外机正常，故障在室内机或连接线。

2.测量室内机通信电压

见图 6-2 左图，检查室内机，依旧使用万用表直流电压挡，黑表笔接 1 号零线 N 端，红表笔接 3 号通信 C 端测量电压，实测约为 120V，低于室外机接线端子 N-C 电压。

见图 6-2 右图，为准确判断，在室内机接线端子上取下 3 号 C 端通信红线，黑表笔接 1 号零线 N 端，红表笔接红线测量电压，实测约为 120V，初步判断故障在室内外机连接线。

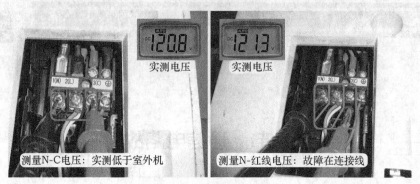

图 6-2　测量室内机通信电压

3.测量室内机 L-C 和地 -C 电压

见图 6-3，依旧使用万用表直流电压挡，红表笔接红线，黑表笔分别接 2 号相线 L 端和 4 号地端测量电压，实测均约为 120V，而正常应为 0V，初步判断室内外机连接线的通信红线断路。

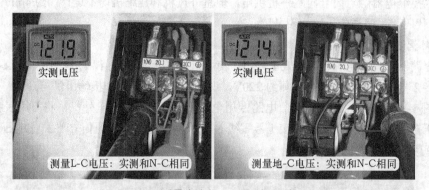

图 6-3　测量室内机 L-C 和地 -C 电压

4.并联引线和测量阻值

室内机和室外机距离较长，加长了连接管道，同时没有使用原装引线即连接线，全部使用自购的白皮护套线。由于本机管线有很长一段位于箱柜内部，且放置有杂物，清理不是很方便。为判断室内外机连接线是否断路时，比较简单的方法是断开空调器电源，见图 6-4 左图，将室内机接线端子的 1 号 N 端、2 号 L 端、3 号 C 端全部并联接到 4 号接地端，再测量室外机接线端子阻值，引线正常时 1 号 N 端、2 号 L 端、3 号 C 端应和 4 号接地端相通即为阻值为 0Ω，当测量阻值较大或无穷大时，说明此线断路。

见图 6-4 右图，使用万用表电阻挡，红表笔接室外机接线端子上 4 号接地端，黑表笔接 1 号 N 端测量阻值，实测约为 0Ω，说明 1 号 N 端零线正常。

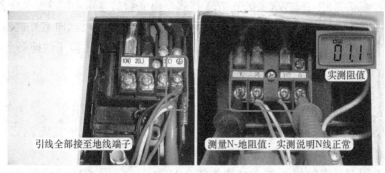

引线全部接至地线端子   测量N-地阻值：实测说明N线正常

图 6-4   引线接至地线端子和测量 N- 地阻值

见图 6-5 左图，红表笔接 4 号接地端，黑表笔接 2 号 L 端测量阻值，实测约为 0Ω，说明 2 号 L 端相线正常。

见图 6-5 右图，红表笔接 4 号接地端，黑表笔接 3 号通信 C 端测量阻值，实测为无穷大，而正常应相通为 0Ω，确定通信 C 线断路。

测量L-地阻值：实测说明L线正常   测量C-地阻值：实测说明C线断路

图 6-5   测量 L- 地和 C- 地阻值

维修措施：本机正常的维修措施应更换室内外机连接线，但由于距离较长且有杂物阻挡，更换不是很方便，但此机 4 号接地端的连接线正常，应急的维修方法见图 6-6。在室内机和室外机的接线端子上，同时将 4 号接地端的连接线（绿线）并在 3 号端子上，即取消了地线。再次上电开机，室内机和室外机同时运行，制冷恢复正常。

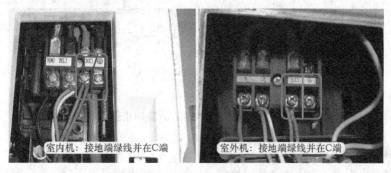

室内机：接地端绿线并在C端   室外机：接地端绿线并在C端

图 6-6   接地端绿线并在通信 C 端

二、通信电路降压电阻开路

故障说明：海信 KFR-26GW/08FZBPC(a) 挂式直流变频空调器，制冷开机室外机不运行，测量室内机接线端子上 L 与 N 电压为交流 220V，说明室内机主板已向室外机输出供电，但一段时间以后室内机主板主控继电器触点断开，停止向室外机供电，按压遥控器上高效键 4 次，显示屏显示代码为 "36"，含义为通信故障。

1. 测量 N 与 S 端电压

见图 6-7 左图，将空调器通上电但不开机，使用万用表直流电压挡，黑表笔接室内机接线端子上零线 N，红表接通信 S 端测量电压，正常为轻微跳动变化的直流 24V，实测为 0V，说明室内机主板有故障（注：此时已将室外机引线去掉）。

见图 6-7 右图，黑表笔接 N 端，红表笔接 24V 稳压二极管 ZD1 正极测量电压，实测仍为 0V，判断直流 24V 电压产生电路出现故障。

图 6-7　测量室内机接线端子通信电压和主板直流 24V 电压

2. 直流 24V 电压产生电路工作原理

海信 KFR-26GW/08FZBPC(a) 室内机通信电路原理图见图 6-8，实物图见图 6-9。交流 220V 电压中 L 端经电阻 R10 降压、二极管 D6 整流、电解电容 E02 滤波、稳压二极管（稳压值 24V）ZD1 稳压，与电源 N 端组合在 E02 两端形成稳定的直流 24V 电压，为通信电路供电。

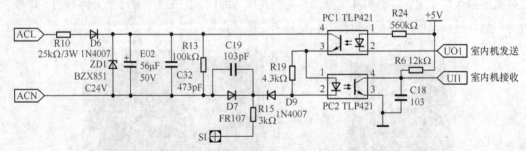

图 6-8　海信 KFR-26GW/08FZBPC(a) 室内机通信电路原理图

3. 测量降压电阻两端电压

见图 6-10，由于降压电阻为通信电路供电，使用万用表交流电压挡，黑表笔接零线 N 端，红表笔接降压电阻 R10 下端测量电压，实测约为 0V；红表笔测量 R10 上端测量电压，实测约为 220V 等于供电电压，初步判断 R10 开路。

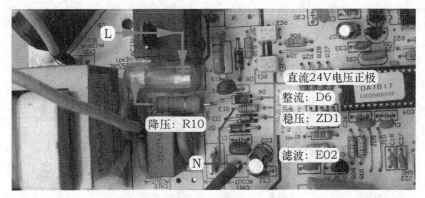

图 6-9 海信 KFR-26GW/08FZBPC(a) 直流 24V 通信电压产生电路实物图

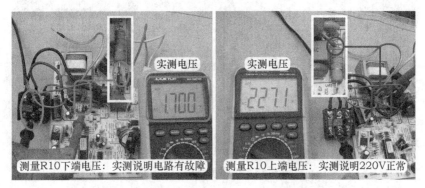

图 6-10 测量降压电阻 R10 下端和上端电压

4. 测量 R10 阻值

见图 6-11，断开室内机主板供电，使用万用表电阻挡，测量电阻 R10 阻值，正常为 25kΩ，在路测量阻值为无穷大，说明 R10 开路损坏；为准确判断，将其取下后，单独测量阻值仍为无穷大，确定开路损坏。

图 6-11 测量 R10 阻值

5. 更换电阻

见图 6-12 和图 6-13，电阻 R10 参数为 25kΩ/3W，由于没有相同型号电阻更换，实际维修时选用两个电阻串联代替，一个为 15kΩ/2W，另一个为 10kΩ/2W，串联后安装在室内机主板上面。

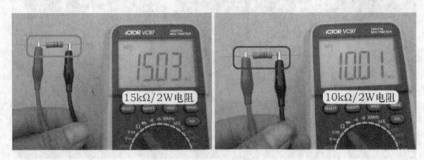

图 6-12　15kΩ 和 10kΩ 电阻

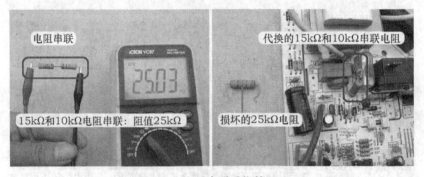

图 6-13　电阻串联后代替 R10

6. 测量通信电压和 R10 下端电压

见图 6-14 左图，将空调器通上电，使用万用表直流电压挡，黑表笔接室内机接线端子上零线 N 端，红表笔接 S 端测量电压，实测为 24V，说明通信电压恢复正常。

见图 6-14 右图，万用表改用交流电压挡，黑表笔接 N 端，红表笔接电阻 R10 下端测量电压，实测约为 135V。

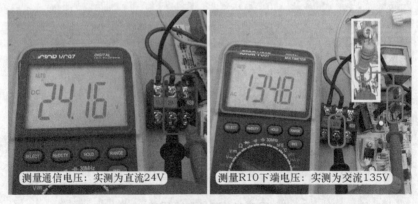

图 6-14　测量室内机接线端子通信电压和 R10 下端交流电压

维修措施：见图 6-13 右图，代换降压电阻 R10。代换后恢复线路试机，遥控器开机后室外风机运行，约 10s 后压缩机开始运行，制冷恢复正常。

总结：

1. 本例通信电路专用电压的降压电阻开路，使得通信电路没有工作电压，室内机和室外机的通信电路不能构成回路，室内机 CPU 发送的通信信号不能传送到室外机，室外机 CPU 也不能接收和发送通信信号，压缩机和室外风机均不能运行，室内机 CPU 因接收不到室外机传送的通信信号，约 2min 后停止向室外机供电，并显示故障代码为"通信故障"。

2. 遥控器开机后，室外机得电工作，在通信电路正常的前提下，N 与 S 端的电压，由待机状态的直流 24V，立即变为 0 ～ 24V 跳动变化的电压。如果室内机向室外机输出交流 220V 供电后，通信电压不变仍为直流 24V，说明室外机 CPU 没有工作或室外机通信电路出现故障，应首先检查室外机的直流 300V 和 5V 电压，再检查通信电路元件。

三、通信电路分压电阻开路

故障说明：海信 KFR-26GW/11BP 挂式交流变频空调器，遥控器开机后，压缩机和室外风机均不运行，同时不制冷。

1. 测量室内机接线端子通信电压

使用万用表交流电压挡，测量室内机接线端子上 1 号 L 相线和 2 号 N 零线电压为交流 220V，说明室内机主板已向室外机供电。

见图 6-15，将万用表挡位改为直流电压挡，黑表笔接室内机接线端子 2 号 N 零线，红表笔接 4 号通信 S 线测量电压，实测待机状态为 24V，遥控器开机后室内机主板向室外机供电，通信电压仍为 24V 不变，说明通信电路出现故障。

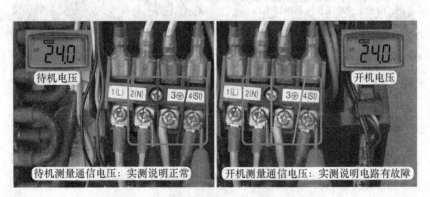

图 6-15　测量室内机接线端子通信电压

2. 故障代码

取下室外机外壳，观察室外机主板上直流 12V 电压指示灯常亮，初步判断直流 300V 和 12V 电压均正常，使用万用表直流电压挡测量直流 300V、12V、5V 电压均正常。

见图 6-16，查看模块板上指示灯闪 5 次，报故障代码含义为"通信故障"；按压遥控器上"传感器切换"键 2 次，室内机显示板组件上指示灯显示故障代码为"运行（蓝）、电源"灯亮，代码含义为"通信故障"。

室内机 CPU 和室外机 CPU 均报"通信故障"的代码，说明室内机 CPU 已发送通信信号，但同时室外机 CPU 未接收到通信信号，同时开机后通信电压为直流 24V 不变，判断通信电路中有开路故障，重点检查室外机通信电路。

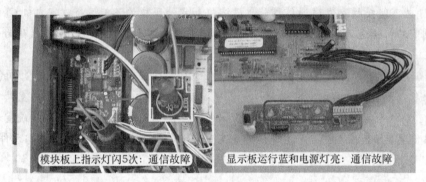

模块板上指示灯闪5次：通信故障　　　　显示板运行蓝和电源灯亮：通信故障

图 6-16　室外机模块板和室内机显示板组件报故障代码均为通信故障

3. 测量室外机通信电路电压

见图 6-17，在空调器通上电但不开机即处于待机状态时，黑表笔接电源 N 零线，红表笔接室外机主板上通信 S 线（①处）测量电压，实测为 24V，和室外机接线端子上电压相同。

红表笔接分压电阻 R16 上端（②处）测量电压，实测为 24V，说明 PTC 电阻 TH01 阻值正常。

红表笔接分压电阻 R16 下端（③处）测量电压，正常应和②处电压相同，而实测为 0V，初步判断 R16 阻值开路。

红表笔接发送光耦次级侧集电极引脚（④处）测量电压，实测为 0V，和③处电压相同。

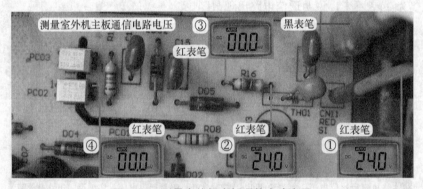

图 6-17　测量室外机主板通信电路电压

4. 测量 R16 阻值

R16 上端（②处）电压为直流 24V，而下端（③处）电压为 0V，可大致说明 R16 开路损坏。断开空调器电源，待直流 300V 电压下降至 0V 时，见图 6-18，使用万用表电阻挡测量 R16 阻值，正常值为 4.7KΩ，实测为无穷大，判断开路损坏。

图 6-18　测量 R16 阻值

5. 更换 R16 分压电阻

见图 6-19，此机室外机主板通信电路分压电阻使用 4.7kΩ/0.25W，在设计时由于功率偏小，容易出现阻值变大甚至开路故障，因此在更换时应选用大功率、阻值相同的电阻，本例在更换时选用 4.7kΩ/1W 的电阻进行代换。

图 6-19　更换 R16 电阻

维修措施：更换室外机主板通信电路分压电阻 R16。见图 6-19 右图，参数由原 4.7kΩ/0.25W，更换为 4.7kΩ/1W。更换后在空调器通上电但不开机即处于待机状态时，测量室外机通信电路电压，实测结果见图 6-20。

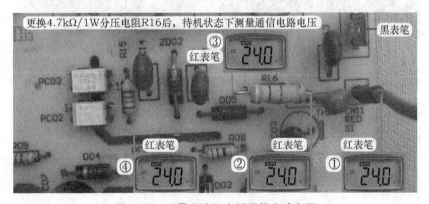

图 6-20　测量室外机主板通信电路电压

总结：

本例由于分压电阻开路，通信信号不能送至室外机接收光耦，使得室外机CPU接收不到室内机CPU发送的通信信号，因此通过模块板上指示灯报故障代码为"通信故障"，并不向室内机CPU反馈通信信号；而室内机CPU因接收不到室外机CPU反馈的通信信号，2min后停止室外机的交流220V供电，并显示故障代码为"通信故障"。

四、开关电源电路损坏

故障说明：海尔 KFR-26W/（BP）2 挂式变频空调器，用户反映不制冷。上门检查，遥控器开机，电源指示灯亮，运转指示灯不亮，同时室内风机运行，但室外机不运行，约 2min 后，室内机显示板组件以"电源-定时指示灯灭、运转指示灯闪"报出故障代码，查看代码含义为"通信故障"。

1. 测量室内机和室外机通信电压

将空调器重新上电开机，使用万用表交流电压挡，黑表笔接 1 号零线 N 端、红表笔接 2 号相线 L 端测量电压，实测约 220V，说明室内机已向室外机输出供电。将万用表挡位转换为直流电压挡，黑表笔接 1 号零线 N 端，红表笔改接 3 号通信 C 端测量电压，实测约为 0V，而正常应为 0 ～ 70V 跳动变化的电压，说明通信电路出现故障。

见图 6-21 左图，由于本机通信电路直流 140V 专用电源设计在室外机主板，为了判断是室内机还是室外机故障，将室内外机连接线中的红线从 3 号通信 C 端上取下，黑表笔接零线 N 端，红表笔接红线测量电压，实测约为 0V，说明故障在室外机或室内外机连接线。

检查室外机，使用万用表交流电压挡，测量 1 号 L 端和 2 号 N 端电压为 220V，说明室内机输出的供电已送至室外机。见图 6-21 右图，将万用表挡位改为直流电压挡，测量 1 号零线 N 端和 3 号通信 C 端电压，实测约为 0V，确定故障在室外机。

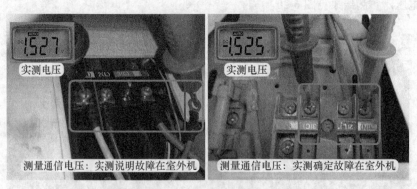

图 6-21　测量室内机和室外机通信电压

2. 室外机电控和指示灯不亮

见图 6-22 左图，取下室外机上盖，查看室外机电控系统主要由主板和模块组成，其中主控继电器、PTC 电阻、滤波电容、硅桥均为外置元件，未设计在室外机主板上。

见图 6-22 右图，本机室外机主板设有直流 12V 和 5V 指示灯，在室外机接线端子为交流 220V 电压时，查看 2 个指示灯均不亮，也说明室外机电控系统有故障。

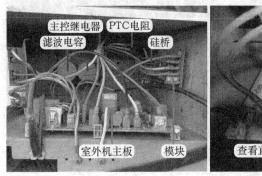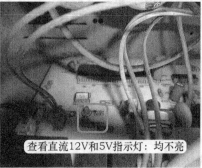

图 6-22　室外机电控系统和指示灯不亮

3. 测量直流 300V 电压和手摸 PTC 电阻

见图 6-23 左图，当直流 12V 和 5V 指示灯均不亮，说明开关电源电路没有工作，应首先测量其工作电压直流 300V。使用万用表直流电压挡，黑表笔接模块上 N 端黑线，红表笔接 P 端红线测量电压，正常应为 300V，实测约为 0V，判断强电电路开路或直流 300V 负载有短路故障。

见图 6-23 右图，为区分是开路或短路故障，使用手摸 PTC 电阻，感觉表面温度很烫，说明直流 300V 负载有短路故障。

说明：

如果 PTC 电阻表面为常温，通常为强电电路开路故障。

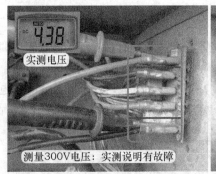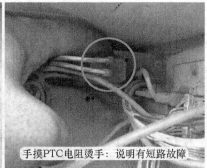

图 6-23　测量 300V 电压和手摸 PTC 电阻

4. 测量模块

直流 300V 主要为模块和开关电源电路供电，而模块在实际维修中故障率较高。见图 6-24，断开空调器电源，拔下模块 P 端红线、N 端黑线、U 端黑线、V 端白线、W 端红线共 5 根引线，使用万用表二极管挡，测量 5 个端子：红表笔接 N 端，黑表笔接 P 端，实测为 734mV；红表笔接 N 端，黑表笔接 U-V-W 端时，实测均为 408mV；黑笔表接 P 端，红表笔接 U-V-W 端时，实测均为 408mV；根据测量结果，判断模块正常。

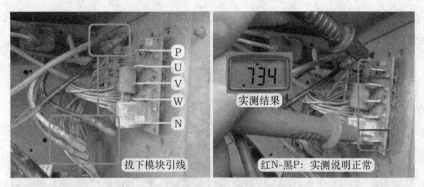

图 6-24　拔下模块引线和测量模块

5. 测量开关电源电路供电插座阻值

见图 6-25，直流 300V 的另一个负载为开关电源电路，拔下为其供电的插头（设有红线和黑线共 2 根引线），使用万用表电阻挡，直接测量插座引针阻值，实测约为 0Ω，说明开关电源电路短路损坏。

图 6-25　拔下 300V 供电插头和测量插座阻值

维修措施：见图 6-26 左图，申请同型号的室外机主板进行更换。更换后将空调器插头插入插座，室外机主板的直流 12V 和 5V 指示灯即点亮，说明开关电源电路已经工作。见图 6-26 右图，使用万用表直流电压挡，黑表笔接模块 N 端黑线，红表笔接 P 端红线测量电压，实测为 309V，使用遥控器制冷模式开机，室外风机和压缩机均开始运行，制冷恢复正常，故障排除。

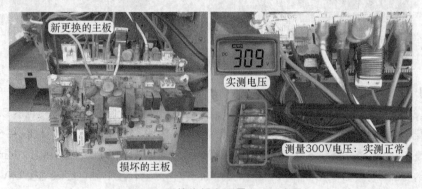

图 6-26　更换主板和测量 300V 电压

总结：

1. 本机室内机主板未设主控继电器，空调器插头插入电源插座，室内机上电后即向室外机供电，开关电源电路一直处于工作状态，故障率相对较高，通常为开关管的集电极 C 和发射极 E 短路，造成直流 300V 电压为 0V，室外机主板不能工作，室内机报出通信故障的故障代码。

2. 本机制冷系统使用的四通阀比较特别，四通阀线圈上电时为制冷模式，线圈断电时为制热模式，和常规空调器不同。

第 2 节　直流电机电路故障

一、15V 供电熔丝管开路

故障说明：三菱重工 SRCQI25H(KFR-25GW/QIBp) 挂式直流变频空调器，用户反映开机后不制冷。

1. 室外风机不运行和室外机主板

上门检查，将空调器重新通上电，使用遥控器制冷模式开机，室内风机运行，但吹风为自然风。见图 6-27 左图，到室外机检查，待室外机主板上电对电子膨胀阀复位后，压缩机开始运行，手摸细管已经开始变凉，但室外风机始终不运行，一段时间以后压缩机也停止运行。

检查室内机，室内机依旧吹自然风，显示板组件报出故障代码：运转指示灯点亮、定时指示灯每 8 秒闪 7 次，查看含义为"室外风扇电机异常"。

见图 6-27 右图，取下室外机外壳，室外机主板为一体化设计，即室外机电控系统均集成在 1 块电路板上面，电源电路使用开关电源形式，输出部分设有 7815 稳压块。

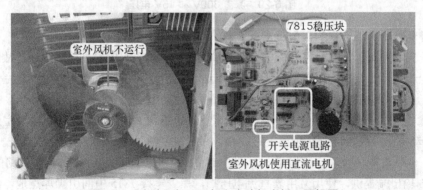

图 6-27　室外风机不运行和室外机主板正面视图

2. 室外风机引线

见图 6-28，本机室外风机为直流电机，共设有 5 根引线，室外机主板设有 1 个 5 针的室外风机插座。风机引线和主板插座焊点的功能相对应：红线对应最左侧焊点为直流 300V 供电、黑线对应焊点为地、白线对应焊点为 15V 供电、黄线对应焊点为驱动控制、蓝线对应焊点为转速反馈。

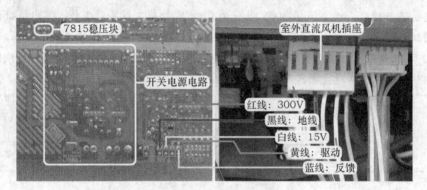

图 6-28　室外风机插座焊点和引线

3. 测量 300V 和 15V 电压

由于室外风机始终不运行，使用万用表直流电压挡，测量插座电压。见图 6-29 左图，黑表笔接黑线焊点地，红表笔接红线焊点测量 300V 电压，实测为 315V，说明正常。

见图 6-29 右图，黑表笔接黑线焊点地，红表笔改接白线焊点测量 15V 电压，正常应为 15V，实测为 0V，说明 15V 供电支路有故障。

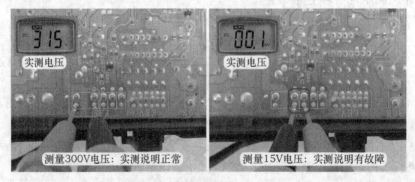

图 6-29　测量 300V 和 15V 电压

4. 测量驱动电压和 7815 输出端电压

见图 6-30 左图，为判断室外机主板是否输出驱动电压引起的室外风机不运行故障，使用万用表直流电压挡，黑表笔接黑线焊点地，红表笔接黄线焊点测量驱动电压，将空调器重新上电开机，室外机主板对电子膨胀阀复位结束后，驱动电压由 0V 逐渐上升至 2V，约 40s 时上升至最大值 3.23V，再约 10s 后下降至 0V。驱动电压由 0V 上升至 3.2V，说明室外机主板已输出驱动电压，故障为 15V 供电支路故障。

见图 6-30 右图，查看室外风机 15V 供电，由开关电源电路输出部分 15V 支路的 15V 稳压块 7815 输出端提供，使用万用表直流电压挡，黑表笔接 7815 中间引脚焊点地，红表笔接输出端焊点测量电压，实测为 15V，说明开关电源电路正常。

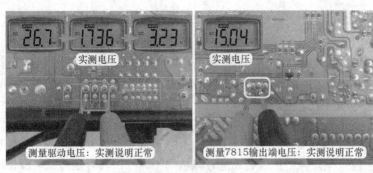

图 6-30　测量驱动电压和 7815 输出端电压

5. 测量 F9 前端电压和阻值

查看室外机主板上 7815 输出端 15V 至室外风机 15V 白线焊点的铜箔走线，只设有 1 个标号 F9 的贴片熔丝管（保险管）。见图 6-31 左图，使用万用表直流电压挡，黑表笔接黑线焊点地，红表笔接 F9 前端焊点测量电压，实测为 15V，说明 15V 电压已送至室外风机电路，故障可能为 F9 熔丝管损坏。

见图 6-31 右图，断开空调器电源，待室外机主板 300V 电压下降至约为 0V 时，使用万用表电阻挡，在路测量 F9 熔丝管阻值，正常应为 0Ω，实测为 28kΩ，说明开路损坏。

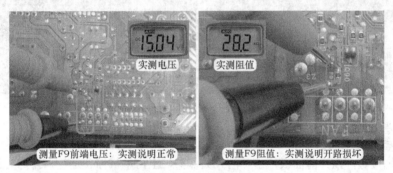

图 6-31　测量 F9 前端电压和阻值

维修措施：见图 6-32，F9 熔丝管表面标注 CB，表示额定电流约 0.35A，由于没有相同型号的配件更换，维修时使用阻值为 0Ω 的电阻代换，代换后上电开机。使用万用表直流电压挡，黑表笔接黑线焊点地，红表笔接白线焊点测量 15V 电压，实测为 15V 说明正常，同时室外风机和压缩机均开始运行，制冷恢复正常，故障排除。

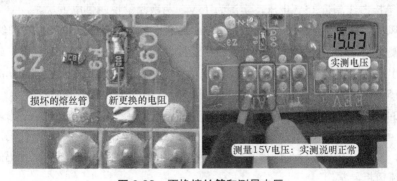

图 6-32　更换熔丝管和测量电压

二、电机线束磨断

故障说明：海尔 KFR-72LW/62BCS21 柜式全直流变频空调器，用户反映不制冷，要求上门维修。

1. 查看室外机代码和室外风机

上门检查，使用万用表交流电流挡，钳头卡在为空调器供电的断路器（俗称空气开关）相线引线上，上电使用遥控器开机，室内风机运行，最高电流约 0.7A，说明室外机没有运行。见图 6-33 左图，检查室外机，压缩机和室外风机均不运行，查看室外机主板指示灯闪 9 次，查看代码含义为"室内直流风机异常"。

见图 6-33 右图，断开空调器电源，待 3min 后再次上电开机，电子膨胀阀复位后，压缩机启动运行，但约 5s 后随即停机，室外风机始终不运行，室外机主板指示灯闪 9 次报出故障代码，同时室内机未显示故障代码。

图 6-33　查看室外机代码和室外风机

2. 门开关和更换室内机主板

到室内机检查，掀开前面板，由于门开关保护，室内风机停止运行，排除方法见图 6-34 左图。用手将门开关向里按压到位后，再使用牙签顶住，使其不能向外移动，门开关触点一直处于闭合状态，CPU 检测前面板处于关闭的位置，控制室内风机运行，才能检修空调器。

本机室内风机（离心风机）使用直流电机，共设有 5 根引线，红线为直流 300V 供电、黑线为地线、白线为直流 15V 供电、黄线为驱动控制、蓝线为转速反馈。

使用万用表直流电压挡，黑表笔接黑线地线，红表笔接红线测量 300V 电压，实测约为 300V；红表笔接白线测量 15V 电压，实测为 15V，两次测量说明供电正常。

在室内风机运行时，黑表笔接黑线地线，红表笔接黄线测量驱动电压，实测约 2.8V；红表笔接蓝线测量反馈电压，实测约 7.5V。使用遥控器关机，室内风机停止运行，红表笔接黄线测量驱动电压，实测为 0V；红表笔接蓝线测量反馈电压，同时用手慢慢转动离心风扇，实测为 0.2 ～ 15V 跳动变化，实测说明室内风机正常，故障为室内机主板损坏。

见图 6-34 右图，申请同型号室内机主板更换后，重新上电试机，依旧是室内风机运行正常，压缩机运行 5s 后停机，室外风机不运行，室外机主板指示灯闪 9 次报出代码，仔细查看故障代码本，发现闪 9 次故障代码含义包括"室外直流风机异常"，即闪 9 次代码的含义为室内或室外直流风机异常。

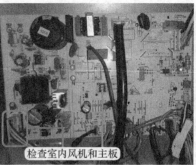

图 6-34　顶住门开关和检查室内机

3. 测量室外风机

见图 6-35 左图，再次检查室外机，使用万用表直流电压挡，黑表笔接室外机插头中地线黑线，红表笔接红线测量 300V 电压，实测 304V 说明正常；黑表笔不动，红表笔接白线测量 15V 电压，实测约 15V，说明室外机主板已输出直流 300V 和 15V 电压。

见图 6-35 右图，首先接好万用表表笔，即黑表笔接黑线地线，红表笔接黄线测量驱动电压，然后重新上电开机，电子膨胀阀复位结束后，压缩机开始运行，同时黄线驱动电压由 0V 迅速上升至 6V，再下降至约 3V，最后下降至 0V，但室外风机始终不运行，约 5s 后压缩机停机，主板指示灯闪 9 次报出代码。

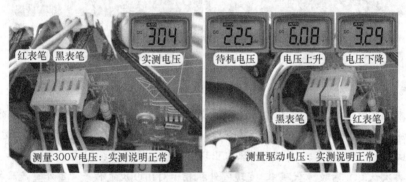

图 6-35　测量室外风机供电和驱动电压

4. 查看室外机引线磨断

室外机主板已输出直流 300V、15V 的供电电压和黄线驱动电压，但室外风机仍不运行，用手拨动室外风扇，以判断是否因轴承卡死造成的堵转时，感觉有异物卡住室外风扇，见图 6-36 左图。仔细查看为室外风机的连接线束和室外风扇相摩擦，目测已有引线断开。

见图 6-36 右图，断开空调器电源，仔细查看引线，发现为 15V 供电的白线断开。

维修措施：见图 6-37，连接白线，使用绝缘胶布包好接头，再将线束固定在相应位置，使其不能移动。再次上电开机，电子膨胀阀复位结束后，压缩机运行，约 1s 后室外风机也开始运行，长时运行不再停机，制冷恢复正常。

在室外风机运行时，使用万用表直流电压挡，黑表笔接黑线地线，红表笔接红线测量电压为 300V，红表笔接白线测量电压为 15V，红表笔接黄线测量电压为 4.3V，红表笔接蓝线测量电压为 9.9V。

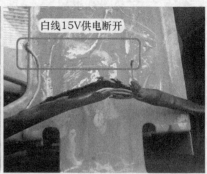

图 6-36　室外风机线束磨断

图 6-37　连接引线接头和固定线束

总结：

　　1. 本例在维修时走了弯路，查看故障代码时不细心以及太相信代码内容。代码本上"室内直流风机异常"的序号位于上方，查看室外机指示灯闪 9 次时，在室内风机运行正常，室外风机不运行的前提下，判断室内风机出现故障，以至于更换室内机主板仍不能排除故障时，才再次认真查看故障代码本，发现室外机指示灯闪 9 次也代表"室外直流风机异常"，才去检查室外风机。

　　2. 本例在压缩机运行，室外风机不运行，未首先检查室外风机的原因是：首次接触此型号的全直流变频空调器，误判为室外风机不运行是由于冷凝器温度低、室外管温传感器检测温度低才控制室外风机不运行，需要管温传感器温度高于一定值后才控制室外风机运行。但实际情况是压缩机运行后立即控制室外风机运行，不检测管温传感器的温度。

　　3. 本例室外风机线束磨损、引线断开的原因为：维修人员更换压缩机，安装电控盒时未将室外风机的线束整理固定，线束和室外风扇相摩擦，导致 15V 供电白线断开，室外风机内部电路板的控制电路因无供电而不能工作，室外风机不运行，室外机 CPU 因检测不到室外风机的转速反馈信号，停机进行保护。

三、直流电机损坏

故障说明：卡萨帝（海尔高端品牌）KFR-72LW/01B（R2DBPQXFC）-S1 柜式全直流变频空调器，用户反映不制冷。

1. 查看室外机主板指示灯和直流电机插头

上门检查，使用遥控器开机，室内风机运行但不制冷，出风口为自然风。见图 6-38 左图，检查室外机，压缩机和室外风机均不运行，取下室外机外壳和顶盖，查看室外主板指示灯闪 9 次，查看代码含义为室外或室内直流电流异常。由于室内风机运行正常，判断故障在室外风机。

本机室外风机使用直流电机，用手转动室外风扇，感觉转动轻松，排除轴承卡死引起的机械损坏，说明故障在电控部分。

见图 6-38 右图，室外直流电机和室内直流电机的插头相同，均设有 5 根引线，其中红线为直流 300V 供电、黑线为地线、白线为直流 15V 供电、黄线为驱动控制、蓝线为转速反馈。

图 6-38　室外机主板指示灯闪 9 次和室外直流电机引线

2. 测量 300V 和 15V 电压

见图 6-39 左图，使用万用表直流电压挡，黑表笔接黑线地线、红表笔接红线测量 300V 电压，实测为 312V，说明主板已输出 300V 电压。

见图 6-39 右图，黑表笔不动，依旧接黑线地线，红表笔接白线测量 15V 电压，实测约为 15V，说明主板已输出 15V 电压。

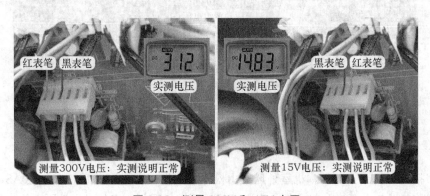

图 6-39　测量 300V 和 15V 电压

3. 测量反馈电压

见图 6-40，黑表笔不动，依旧接黑线地线，红表笔接蓝线测量反馈电压，实测约为 1V，慢慢用手拨动室外风扇，同时测量反馈电压，蓝线电压约为 1～15V 跳动变化，说明室外风机输出的转速反馈信号正常。

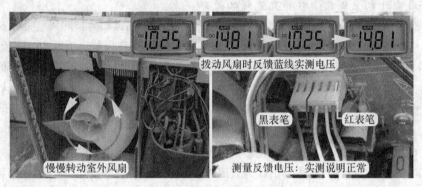

图 6-40　测量转速反馈电压

4. 测量驱动电压

见图 6-41，将空调器重新上电开机，黑表笔接黑线地线，红表笔接黄线测量驱动电压，电子膨胀阀复位后，压缩机开机始运行，约 1s 后黄线驱动电压由 0V 上升至 2V，再上升至 4V，最高约为 6V，再下降至 2V，最后变为 0V，同时室外风机始终不运行，约 5s 后压缩机停机，室外机指示灯闪 9 次报出故障代码。

根据上电开机后驱动电压由 0V 上升至最高约 6V，同时直流 300V 和 15V 供电电压正常的前提下，室外风机仍不运行，判断室外风机内部控制电路或线圈损坏。

说明：

由于空调器重新上电开机，室外机运行约 5s 后即停机保护，因此应先接好万用表表笔，再上电开机。

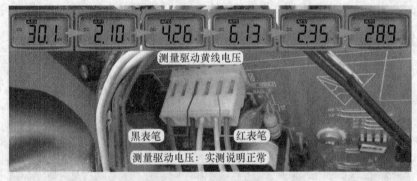

图 6-41　测量驱动电压

维修措施：见图 6-42，本机室外风机由松下公司生产，型号为 EHDS31A70AS，申请同型号电机将插头安装至室外机主板，上电开机，压缩机运行，室外机主板不再停机保护，确

| 134 |

定室外风机损坏。经更换室外风机后上电试机，室外风机和压缩机一直运行不再停机，制冷恢复正常。

在室外风机运行正常时，使用万用表直流电压挡，黑表笔接黑线地线，红表笔接黄线测量驱动电压为 4.2V；红表笔接蓝线测量反馈电压为 10.3V。

说明：

本机如果不安装室外风扇，只将室外风机插头安装在室外机主板试机（见图 6-42 左图），室外风机运行时抖动严重，转速很慢，且时转时停；将室外风机安装至室外机固定支架，再安装室外风扇后，室外风机运行正常，转速较快。

图 6-42　更换室外风机

第 ❼ 章
单元电路和强电电路故障

第1节 单元电路故障

一、电压检测电阻开路

故障说明：海信 KFR-26GW/11BP 挂式交流变频空调器，遥控器开机后室外机有时不运行，有时可以运行一段时间，但运行时间不固定。

1. 故障代码

见图 7-1 左图，在室外机停止运行后，取下室外机外壳，观察模块板指示灯闪 8 次报出故障代码，含义为"过欠压"故障；在室内机按压遥控器上"传感器切换"键两次，室内机显示板组件上"定时"指示灯亮报出故障代码，含义仍为"过欠压"故障，室内机和室外机同时报"过欠压"故障，判断电压检测电路出现故障。

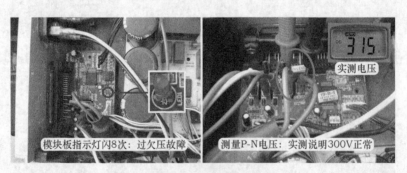

模块板指示灯闪8次：过欠压故障　　　测量P-N电压：实测说明300V正常

图 7-1　故障代码和测量 300V 电压

2. 电压检测电路工作原理

本机电压检测电路使用检测直流 300V 母线电压的方式，电路原理图见图 7-2。工作原理为电阻组成分压电路，上分压电阻为 R19、R20、R21、R12，下分压电阻为 R14，经 R22 输出代表直流 300V 的参考电压，室外机 CPU ㉝脚通过计算，得出输入的实际交流电压，从而对空调器进行控制。

3. 测量直流 300V 电压

见图 7-1 右图，出现过欠压故障时应首先测量直流 300V 电压是否正常，使用万用表直流电压挡，黑表笔接模块板上 N 端子，红表笔接 P 端子测量电压，正常为 300V，实测为 315V 也正常，此电压由交流 220V 经硅桥整流、滤波电容滤波得出，如果输入的交流电压高，则直流 300V 也相应升高。

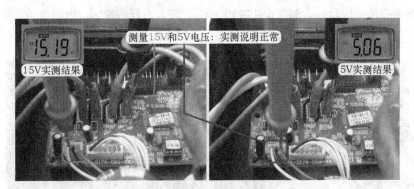

图 7-2　海信 KFR-26GW/11BP
室外机电压检测电路原理图

4. 测量直流 15V 和 5V 电压

见图 7-3，由于模块板 CPU 工作电压 5V 由室外机主板提供，因此应测量电压是否正常，使用万用表直流电压挡，黑表笔接模块 N 端子，红表笔接 3 芯插座 CN4 中左侧白线测量电压，实测为 15V，此电压为模块内部控制电路供电；红表笔接右侧红线测量电压，实测为 5V，判断室外机主板为模块板提供的直流 15V 和 5V 电压均正常。

 说明：

本机模块板为热地设计，即直流 300V 负极地（N 端）和直流 15V、5V 的负极地相通。

测量 15V 和 5V 电压：实测说明正常

15V 实测结果　　　　　5V 实测结果

图 7-3　测量直流 15V 和 5V 电压

5. 检测电路电压

见图 7-4，在室外机不运行即静态，使用万用表直流电压挡，黑表笔接模块 N 端子不动，红表笔测量电压检测电路的关键点电压。

红表笔接 P 接线端子（①处），测量直流 300V 电压，实测为 315V，说明正常。

红表笔接 R19 和 R20 相交点（②处），实测电压在 150 ～ 180V 跳动变化，由于 P 接线端子电压稳定不变，判断电压检测电路出现故障。

红表笔接 R20 和 R21 相交点（③处），实测电压在 80 ～ 100V 跳动变化。

红表笔接 R21 和 R12 相交点（④处），实测电压在 3.9 ～ 4.5V 跳动变化。

红表笔接 R12 和 R14 相交点（⑤处），实测电压在 1.9 ～ 2.4V 跳动变化。

红表笔接 CPU 电压检测引脚即㉝脚，实测电压也在 1.9 ～ 2.4V 跳动变化，和⑤处电压相同，判断电阻 R22 阻值正常。

使用遥控器开机，室外风机和压缩机开始运行，直流 300V 电压开始下降，此时测量 CPU 的㉝脚电压也逐渐下降；压缩机持续升频，直流 300V 电压也下降至约 250V，CPU ㉝脚电压约为 1.7V，室外机运行约 5min 后停机，模块板上指示灯闪 8 次，报故障代码为"过欠压"故障。

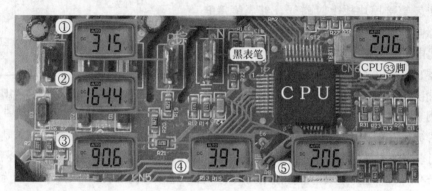

图 7-4　测量电压检测电路电压

6. 测量电阻阻值

静态和动态测量均说明电压检测电路出现故障，应使用万用表电阻挡测量电路容易出现故障的分压电阻阻值。

见图 7-5，断开空调器电源，待室外机主板开关电源电路停止工作后，使用万用表电阻挡测量电路中分压电阻阻值，测量电阻 R19 阻值无穷大为开路损坏，电阻 R20 阻值为 182kΩ 判断正常，电阻 R21 阻值无穷大为开路损坏，电阻 R12、R14、R22 阻值均正常。

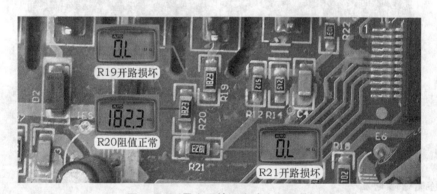

图 7-5　测量电压检测电路电阻阻值

7. 电阻阻值

见图 7-6，电阻 R19、R21 为贴片电阻，表面数字 1823 代表阻值，正常阻值为 182kΩ，由于没有相同型号的贴片电阻更换，选择阻值接近（180kΩ）的五环精密电阻进行代换。

维修措施：见图 7-7，使用 2 个 180kΩ 的五环精密电阻，代换阻值为 182kΩ 的贴片电阻 R19、R21。

拔下模块板上 3 个一束的传感器插头，再使用遥控器开机，室内机主板向室外机供电后，室外机主板开关电源电路开始工作向模块板供电，由于室外机 CPU 检测到室外环温、室外管温、压缩机排气传感器均处于开路状态，因此报出相应的故障代码，并且控制压缩机和室外风机均不运行，此时相当于待机状态。见图 7-8，使用万用表直流电压挡，测量电压检测电路中的电压，实测均为稳定电压不再跳变，直流 300V 电压实测为 315V 时，CPU 电压检测㉝脚实测为 2.88V。恢复线路后再次使用遥控器开机，室外风机和压缩机开始运行，当直流 300V 电压降至直流 250V，实测 CPU ㉝脚电压约 2.3V，长时间运行不再停机，制冷恢复正常，故障排除。

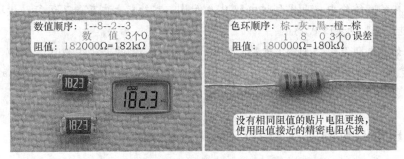

图 7-6　182kΩ 贴片电阻和 180kΩ 精密电阻

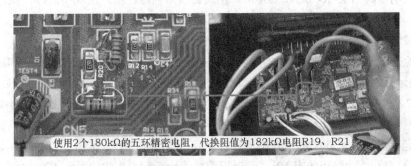

图 7-7　使用 180kΩ 精密电阻代换 182kΩ 贴片电阻

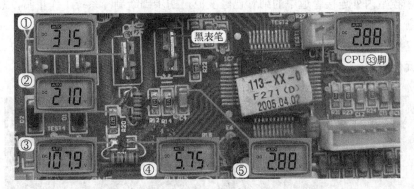

图 7-8　待机状态测量正常的电压检测电路电压

总结：

1. 电压检测电路中电阻 R19 上端接模块 P 端子，由于长时间受直流 300V 电压冲击，其阻值容易变大或开路，在实际维修中由于 R19、R20、R21 开路或阻值变大损坏，占到一定比例，属于模块板上的常见故障。

2. 本例电阻 R19、R21 开路，其下端电压均不为直流 0V，而是具有一定的感应电压，CPU 电压检测㉝脚分析处理后，判断交流输入电压在适合工作的范围以内，因而室外风机和压缩机可以运行；而压缩机持续升频，直流 300V 电压逐渐下降，CPU 电压检测引脚电压也逐渐下降，当超过检测范围，则控制室外风机和压缩机停机进行保护，并报出"过欠压"的故障代码。

3. 在实际维修中，也遇到过电阻 R19 开路，室外机上电后并不运行，模块板直接报出"过欠压"的故障代码。

4. 如果电阻 R12（5.1kΩ）开路，CPU 电压检测㉝脚的电压约为直流 5.7V，室外机上电后室外风机和压缩机均不运行，模块板指示灯闪 8 次报出"过欠压"故障的代码。

二、电流互感器二次绕组开路

故障说明：海尔 KFR-36GW/（BPJF）挂式变频空调器，用户反映不制冷，室内机显示屏显示 F24，查看代码含义为 CT 断线保护。

1. 测量室外机电流和查看室外机电控系统

上门检查，使用遥控器制冷模式开机，室内机主板向室外机供电，室外风机和压缩机均开始运行，但运行约 10s 后压缩机停止运行，室内机显示 F24 代码，室外风机延时 30s 后停止运行。

见图 7-9 左图，使用万用表交流电流挡，钳头卡在室外机接线端子上 2 号 L 端相线，测量室外机电流，断开空调器电源，待 2min 后再次上电开机，室内机主板向室外机供电后，压缩机立即运行，同时室外风机也开始运行，室外机电流由 0A → 0.5A → 1A 逐渐上升，并迅速升至 3.3A 左右，此过程约有 10s，然后压缩机停止运行，室内机显示 F24 代码。在压缩机运行时，手摸室内外连接管道中的细管已经变凉，初步判断制冷系统工作正常，故障在电控系统，应着重检查电流检测电路。

见图 7-9 右图，取下室外机上盖，查看室外机电控系统，主要由主板、模块、硅桥、滤波电感等元件组成。

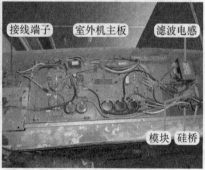

图 7-9　测量室外机电流和查看室外机电控系统

2. 电流检测电路工作原理

图 7-10 为电流检测电路原理图，图 7-11 左图为主板实物图正面，图 7-11 右图为主板实

物图反面。电路主要电流互感器 CT1、整流硅桥 B1、电位器 VR1 等组成。

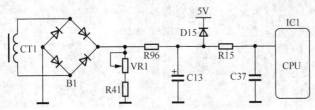

图 7-10　电流检测电路原理图

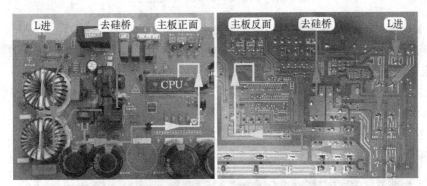

图 7-11　电流检测电路实物图主板正面和反面

室外机接线端子 2 号 L 端相线经连接线送至室外机主板，经 20A 保险管 FUSE1 至滤波电感 L1、L2，再经电流互感器 CT1 的一次绕组送至由主控继电器和 PTC 电阻组成的延时防瞬间大电流电路后，送至硅桥的交流输入端，和 N 端零线组合为室外机提供直流 300V 母线电压，经模块后为压缩机提供电源，因此 CT1 相当于检测室外机总电流。

电流互感器 CT1 一次绕组通过的电流，在二次绕组输出相应的取样电压，经整流硅桥 B1 整流、电位器 VR1 和电阻 R41 分压、电容 C13 滤波，作为室外机总电流的参考信号，送至 CPU ⑪脚。

3. 测量 CPU 和二次绕组电压

见图 7-12 左图，使用万用表直流电压挡，黑表笔接电容 C13 负极地，红表笔接电阻 R15 下端，相当于测量 CPU ⑪脚电压。再次上电开机，在压缩机从运行到停止，R15 下端电压一直约为 0V，说明电流检测电路出现故障。

见图 7-12 右图，将万用表挡位转换为交流电压挡，黑表笔和红表笔接电流互感器 CT1 二次绕组焊点，再次上电开机，刚上电时电压约 0.3V，压缩机运行电流升至 3.3A 时，CT1 二次绕组电压约为 0.4V，也说明电流检测电路有故障。

💡 说明：

　　由于压缩机运行时间较短，因此应在开机前接好万用表表笔。如果查找 CPU 引脚不是很方便，直接测量滤波电容（本例标号 C13）的两端电压，也近似于 CPU 引脚电压。

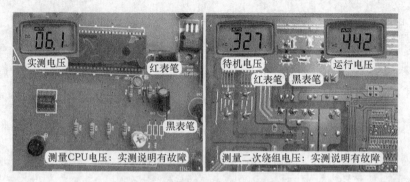

图 7-12　测量 CPU 和二次绕组电压

4. 测量电位器和二次绕组阻值

电流检测电路相对比较简单，常见故障有电位器 VR1 开路、滤波电容 C13 无容量、整流硅桥 B1 内部二极管开路或短路、电流互感器 CT1 二次绕组开路等。

见图 7-13 左图，断开空调器电源，使用万用表电阻挡，首先测量故障率最高的电位器 VR1 阻值，黑表笔和红表笔测量两端引脚，正常阻值约 100Ω，实测为 112Ω，说明电位器正常。

见图 7-13 右图，依旧使用万用表电阻挡，黑表笔和红表笔接电流互感器二次绕组焊点测量阻值，实测为无穷大，初步判断二次绕组开路损坏。

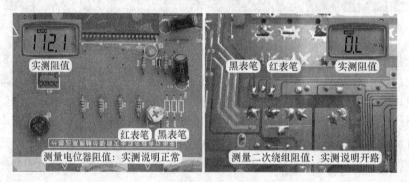

图 7-13　测量电位器和二次绕组阻值

5. 单独测量二次绕组阻值

电流互感器实物外形见图 7-14 左图。使用万用表电阻挡，见图 7-14 右图，开路测量二次绕组引脚阻值，实测仍为无穷大，而正常阻值为 733Ω，从而确定电流互感器损坏。

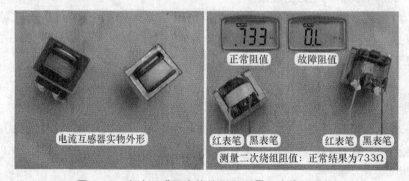

图 7-14　电流互感器实物外形和测量二次绕组阻值

说明：

电流互感器一次绕组为较粗的铜线，其开路损坏的故障率较低。

维修措施：见图 7-15，从同型号的旧主板上拆下电流互感器作为配件，并更换至故障主板。恢复线路后再次上电开机，测量室外机电流由 0A 上升至 3.4A 时，电流互感器二次绕组的交流电压由 0.2V 上升至 1.7V，CPU ⑪脚的直流电压由 0V 上升至约 0.6V，压缩机和室外风机一直运行不再停机，制冷恢复正常，故障排除。

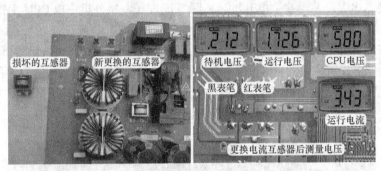

图 7-15 更换电流互感器和测量电路电压

三、电子膨胀阀线圈开路

故障说明：格力 KFR-35GW/（35556）FNDc-3 挂式直流变频空调器，用户反映不制冷，要求上门检查。

1. 测量系统压力

上门检查，遥控器制冷模式开机，室内风机运行，但不制冷，出风口为自然风。检查室外机，室外风机和压缩机均在运行。见图 7-16 左图，在三通阀检修口接上压力表，查看运行压力为负压，常见原因有系统缺少制冷剂或堵塞。

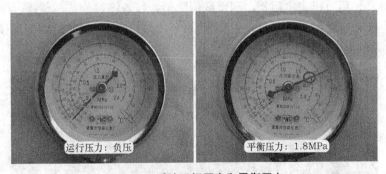

图 7-16 系统运行压力和平衡压力

区分系统缺少制冷剂或堵塞的简单方法是，使用遥控器关机，室外风机和压缩机停止工作，查看系统的静态压力（本机制冷剂为 R410A），如果为 0.8MPa 左右，说明系统缺少制冷剂；

如果为 2MPa 左右，则故障可能为系统堵塞。本例压缩机停止工作后，见图 7-16 右图，系统压力逐渐上升至 1.8MPa，初步判断为系统堵塞。

 说明：

> 遥控器关机压缩机停止运行，系统静态压力将逐步上升，如果为系统堵塞，恢复至平衡压力的时间较长，一般 3min 左右，为防止误判，需要耐心等待。

2. 重新上电复位和手摸温度

断开空调器电源，并再次上电开机，见图 7-17 左图，室外机主板 CPU 工作后首先对电子膨胀阀进行复位，手摸阀体有振动的感觉，但没有"哒哒"的声音。

电子膨胀阀复位结束，压缩机和室外风机运行，系统压力由 1.8MPa 迅速下降直至负压，手摸二通阀为常温没有冰凉的感觉，见图 7-17 右图，再手摸电子膨胀阀的进管和出管，也均为常温，判断系统制冷剂正常，故障为电子膨胀阀堵塞，即其阀针打不开处于关闭位置，常见原因有线圈开路、阀针卡死、室外机主板驱动电路损坏等。

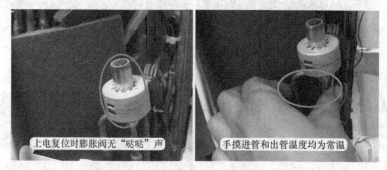

图 7-17　膨胀阀声音和手摸进出管温度

3. 测量线圈阻值

断开空调器电源，拔下电子膨胀阀的线圈插头，查看共有 5 根引线，其中蓝线为公共端，接直流 12V 供电；黑线、黄线、红线、橙线共 4 根引线为驱动，接反相驱动器。

见图 7-18，使用万用表电阻挡，测量线圈阻值，红表笔接公共端蓝线，黑表笔接黑线实测为 47Ω、黑表笔接黄线实测为无穷大、黑表笔接红线实测为 47Ω、黑表笔接橙线实测为 47Ω，根据测量结果说明黄线开路。

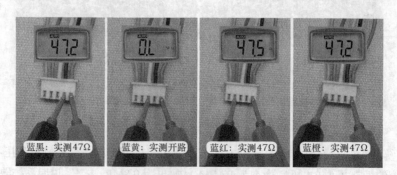

图 7-18　测量线圈公共端和驱动引线阻值

4. 测量驱动引线之间阻值

见图 7-19，依旧使用万用表电阻挡，测量驱动引线之间阻值，实测黄线和红线阻值为无穷大、黄线和黑线阻值为无穷大，而正常阻值约为 95Ω，也说明黄线开路损坏。

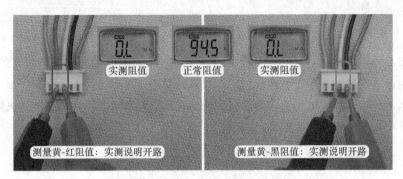

图 7-19 测量黄线和驱动引线阻值

5. 查看黄线断开

见图 7-20，从膨胀阀阀体上取下线圈，翻到反面，查看连接线中黄线已从根部断开，断开的原因为连接引线固定在冷凝器的管道上面（见图 7-17 左图），从固定端至线圈的引线距离较短，在室外机运行时因振动较大，引起线圈中黄线断开。

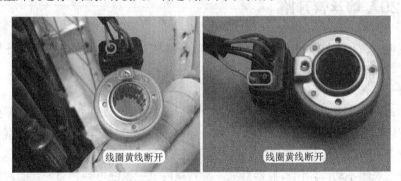

图 7-20 驱动黄线断开

维修措施：本机电子膨胀阀组件由三花公司生产，线圈型号为 Q12-GL-09，申请配件的型号为 PQM01055。见图 7-21，将线圈安装在阀体上面，并将下部的卡扣固定到位，再整理好连接引线的线束，使引线留有较长的距离。

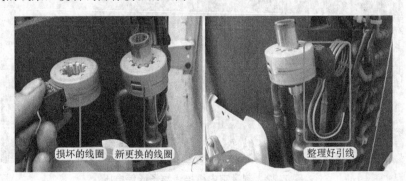

图 7-21 更换电子膨胀阀线圈和顺好引线

再次上电开机，室外机主板对膨胀阀复位时，手摸阀体有振动感觉，同时能听到"哒哒"的声音，复位结束室外风机和压缩机运行，系统压力由 1.8MPa 缓慢下降至约 0.85MPa，手摸电子膨胀阀的进管温度略高于常温、出管温度较凉，说明其正在节流降压，同时制冷也恢复正常。

总结：

本例由于线圈引线和固定部位的距离过短，室外机运行时的振动导致挣裂。再次开机压缩机运行后，系统由平衡压力直接下降至负压，此故障表现的现象和系统缺少制冷剂有相同之处，维修时应注意区分。

第 2 节 强电电路故障

一、20A 熔丝管开路

故障说明：海信 KFR-60LW/29BP 柜式交流变频空调器，遥控器开机后室外风机和压缩机均不运行，空调器不制冷。

1. 测量室内机接线端子电压

见图 7-22，取下室内机进风格栅和电控盒盖板，将空调器通上电但不开机即处于待机状态，使用万用表直流电压挡，黑表笔接 2 号端子零线 N，红表笔接 4 号端子通信 S 线测量电压，实测为 24V，说明室内机主板通信电压产生电路正常。

万用表的表笔不动，使用遥控器开机，听到室内机主板继电器触点闭合的声音，说明已向室外机供电，但实测通信电压仍为 24V 不变，而正常是 0 ~ 24V 跳动变化的电压，判断室外机由于某种原因没有工作。

图 7-22　测量室内机接线端子通信电压

2. 测量室外机接线端子电压

见图 7-23 左图，检查室外机，使用万用表交流电压挡测量接线端子上 1 号 L 相线和 2 号 N 零线电压为交流 220V，使用万用表直流电压挡测量 2 号 N 零线和 4 号通信 S 线电压为直流 24V，说明室内机主板输出的交流 220V 和通信 24V 电压已送到室外机接线端子。

见图 7-23 右图，观察室外机电控盒上方设有 20A 熔丝管（俗称保险管），使用万用表交流电压挡，黑表笔接 2 号端子 N 零线、红表笔接熔丝管引线测量电压，正常为 220V，而实测为 0V，判断熔丝管出现开路故障。

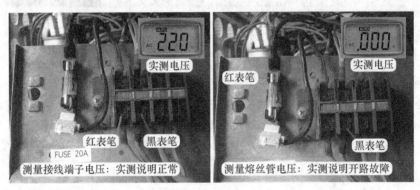

图 7-23　测量室外机接线端子和熔丝管后端电压

3. 查看熔丝管

见图 7-24 左图，断开空调器电源，取下熔丝管，发现一端焊锡已经熔开，烧出一个大洞，使得内部熔丝与外壳金属脱离，表现为开路故障。

见图 7-24 右图，正常熔丝管接口处焊锡平滑，焊点良好，也说明本例熔丝管开路为自然损坏，不是由于过流或短路故障引起。

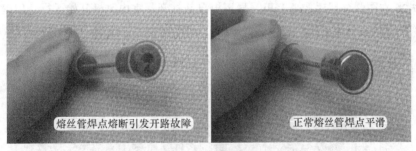

图 7-24　损坏的熔丝管和正常的熔丝管

4. 应急试机

见图 7-25 左图，为检查室外机是否正常，应急为室外机供电，将熔丝管管座的输出端子引线拔下，直接插在输入端子上，这样相当于短接熔丝管，再次上电开机，室外风机和压缩机开始运行，空调器制冷良好，判断只是熔丝管损坏。

维修措施：见图 7-25 右图，更换熔丝管，更换后上电开机，空调器制冷恢复正常，故障排除。

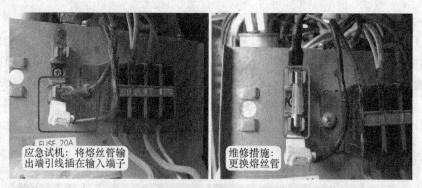

图 7-25　短接熔丝管试机和更换熔丝管

总结：

　　熔丝管在实际维修中由于过流引发内部熔丝开路的故障很少出现，熔丝管常见故障如本例故障，由于空调器运行时电流过大，熔丝发热使得焊口部位焊锡开焊而引发的开路故障，并且多见于柜式空调器，也可以说是一种通病，通常出现在使用几年之后的空调器。

二、硅桥击穿

　　故障说明：海信 KFR-2601GW/BP 挂式交流变频空调器，电源插头插入插座时正常，但开机后断路器（俗称空气开关）马上断开保护（跳闸）。

1. 开机后断路器跳闸

　　见图 7-26 左图，将电源插头插入电源插座，导风板（风门叶片）自动关闭，说明室内机主板 5V 电压正常，CPU 工作后控制导风板自动关闭。

　　见图 7-26 右图，使用遥控器开机，导风板自动打开，室内风机开始运行，但室内机主板主控继电器触点闭合向室外机供电时，断路器立即跳闸保护，说明空调器有短路或漏电故障。

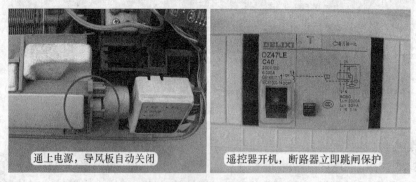

图 7-26　导风板关闭和断路器跳闸

2. 常见故障原因

　　见图 7-27，开机后断路器跳闸保护，主要是向室外机供电时因电流过大而跳闸，常见原因有硅桥击穿短路、滤波电感漏电（绝缘下降）、模块击穿短路、压缩机线圈与外壳短路。

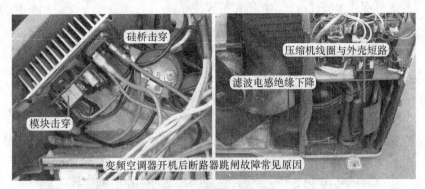

图 7-27　跳闸故障常见原因

3. 测量硅桥

开机后断路器跳闸故障首先需要测量硅桥是否击穿。见图 7-28，拔下硅桥上面的 4 根引线，使用万用表二极管挡测量硅桥，红表笔接正极端子、黑表笔接 2 个交流输入端时，正常时应为正向导通，而实测时结果均为 3mV。

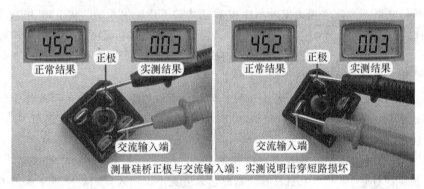

图 7-28　测量硅桥正极和交流输入端

见图 7-29，红、黑表笔分别接两个交流输入端子，正常时应为无穷大，而实测结果均为 0mV，根据实测结果判断硅桥击穿损坏。

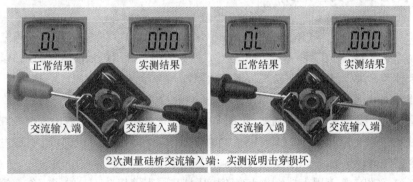

图 7-29　测量硅桥交流输入端

维修措施：见图 7-30，更换硅桥。将空调器通上电，遥控器开机，断路器不再跳闸保护，压缩机和室外风机均开始运行，制冷正常，故障排除。

图 7-30　更换硅桥

总结：

    1. 硅桥内部有 4 个整流二极管，有些品牌型号的变频空调器如只击穿 3 个，只有 1 个未损坏，则有可能表现为室外机上电后断路器不会跳闸保护，但直流 300V 电压为 0V，同时手摸 PTC 电阻发烫，PTC 断开保护，表现的现象和模块 P-N 端击穿相同。

    2. 也有些品牌型号的变频空调器，如硅桥只击穿内部 1 个二极管，而另外 3 个正常，室外机上电时断路器也会跳闸保护。

    3. 有些品牌型号的变频空调器，如硅桥只击穿内部 1 个二极管，而另外 3 个正常，也有可能表现为室外机刚上电时直流 300V 电压约为 200V 左右，而后逐渐下降至 30V 左右，同时 PTC 电阻烫手。

    4. 同样为硅桥击穿短路故障，根据不同品牌型号的空调器、损坏的程度（即内部二极管击穿的数量）、PTC 电阻特性、断路器容量大小，所表现的故障现象也各不相同，在实际维修时应加以判断。但总的来说，硅桥击穿一般表现为上电或开机后断路器跳闸。

三、IGBT 开关管短路

故障说明：三菱重工 KFR-35GW/QBVBp（SRCQB35HVB）挂式全直流变频空调器，用户反映不制冷。遥控器开机后，室内风机运行，但马上指示灯闪烁报故障代码："运转灯点亮、定时灯每 8 秒闪 6 次"，查看代码含义为通信故障。

1. 测量室外机接线端子电压

检查室外机，发现室外机不运行。见图 7-31 左图，使用万用表交流电压挡，红表笔和黑表笔接接线端子上 1 号 L 端和 2（N）端子测量电压，实测为交流 219V，说明室内机主板已输出供电至室外机。

见图 7-31 右图，将万用表挡位改为直流电压挡，黑表笔接 2（N）端子，红表笔接 3 号通信 S 端子测量电压，实测约为 0V，说明通信电路出现故障。

本机室内机和室外机距离较远，中间加长了连接管道和连接线，其中加长连接线使用 3 芯线，只连接 L 端相线、N 端零线、S 端通信线，未使用地线。

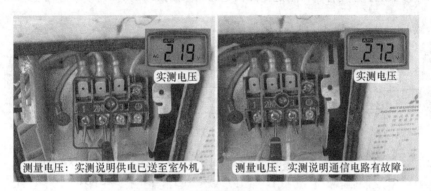

图 7-31　测量电源和通信电压

2. 断开通信线测量通信电压

见图 7-32 左图，为区分是室内机故障或室外机故障，断开空调器电源，使用螺钉旋具取下 3 号端子上的通信线，使用万用表直流电压挡，再次上电开机，同时测量通信电压，实测仍接近 0V，由于本机通信电路专用电源由室外机提供，确定故障在室外机。

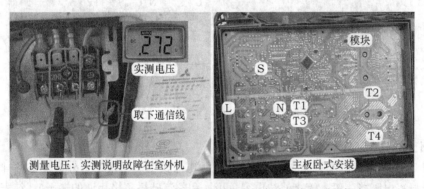

图 7-32　取下连接线后测量通信电压和室外机主板反面焊点

3. 室外机主板

见图 7-32 右图和图 7-34 左图，取下室外机顶盖和电控盒盖板，发现室外机主板为卧式安装，焊点在上面，元件位于下方。

室外机强电通路电路原理简图见图 7-33，实物图见图 7-34 右图，主要由扼流圈 L1、PTC电阻 TH11、主控继电器 52X2、电流互感器 CT1、滤波电感、PFC 硅桥 DS1、IGBT 开关管 Q3、熔丝管 F4（10A）、整流硅桥 DS2、滤波电容 C85 和 C75、熔丝管 F2（20A）、模块 IC10 等组成。

室外机接线端子上 L 端相线（黑线）和 N 端零线（白线）送至主板上扼流圈 L1 滤波，L端经由 PTC 电阻 TH11 和主控继电器 52X2 组成的防瞬间大电流充电电路，由蓝色跨线 T3-T4

至硅桥的交流输入端、N端零线经电流互感器CT1一次绕组后，由接滤波电感的跨线(T1黄线-T2橙线)至硅桥的交流输入端。

L端和N端电压分为两路，一路送至整流硅桥DS2，整流输出直流300V经滤波电容滤波后为模块、开关电源电路供电，作用是为室外机提供电源；另一路送至PFC硅桥DS1，整流后输出端接IGBT开关管，作用是提高供电的功率因数。

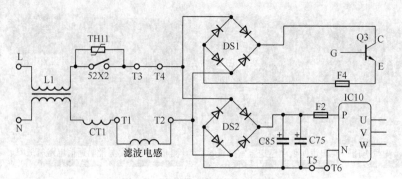

图7-33　室外机强电通路电路原理简图

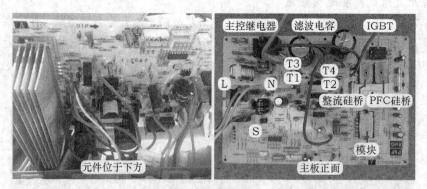

图7-34　室外机主板正面元件

4. 测量直流300V和硅桥输入端电压

见图7-35左图，由于直流300V为开关电源电路供电，间接为室外机提供各种电源，使用万用表直流电压挡，黑表笔接滤波电容负极（和整流硅桥负极相通的端子），红表笔接正极（和整流硅桥正极相通的端子）测量直流300V电压，实测约为0V，说明室外机强电通路有故障。

见图7-35右图，将万用表挡位改为交流电压挡，测量硅桥交流输入端电压，由于两个硅桥并联，测量时表笔可测量和T2-T4跨线相通的位置，正常电压为交流220V，实测约为0V，说明前级供电电路有开路故障。

说明：

本机室外机主板表面涂有防水胶，测量时应使用表笔尖刮开防水胶后，再测量和连接线或端子相通的铜箔走线。

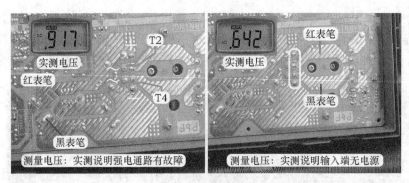

图 7-35　测量直流 300V 和硅桥输入端电压

5. 测量主控继电器输入和输出端交流电压

见图 7-36 左图，向前级检查，仍旧使用万用表交流电压挡，测量室外机主板输入 L 端相线和 N 端零线电压，红表笔和黑表笔接扼流圈 L1 焊点，实测为交流 219V，和室外机接线端子相等，说明供电已送至室外机主板。

见图 7-36 右图，黑表笔接电流互感器后端跨线 T1 焊点、红表笔接主控继电器后端触点跨线 T3 焊点测量电压，实测约为交流 0V，初步判断 PTC 电阻因电流过大断开保护，断开空调器电源，手摸 PTC 电阻发烫，也说明后级负载有短路故障。

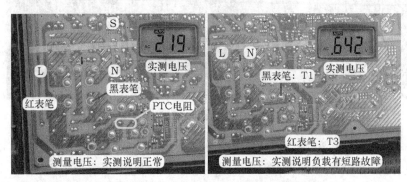

图 7-36　测量主控继电器输入和输出端交流电压

6. 测量模块和整流硅桥

引起 PTC 电阻发烫的主要原因为直流 300V 短路，后级负载主要有模块 IC10、整流硅桥 DS2、PFC 硅桥 DS1、IGBT 开关管 Q3、开关电源电路短路等。

断开空调器电源，由于直流 300V 电压约为 0V，因此无需为滤波电容放电。见图 7-37 左图，使用万用表二极管挡，首先测量模块 P、N、U、V、W 共 5 个端子，红表笔接 N 端，黑表笔接 P 端时为 471mV；红表笔不动接 N 端，黑表笔接 U-V-W 时均为 462mV，说明模块正常，排除短路故障。

见图 7-37 右图，使用万用表二极管挡测量整流硅桥 DS2 时，红表笔接负极，黑表笔接正极时为 470mV；红表笔不动接负极、黑表笔分别接 2 个交流输入端时结果均为 427mV，说明整流硅桥正常，排除短路故障。

7. 测量 PFC 硅桥

见图 7-38，再使用万用表二极管挡测量 PFC 硅桥 DS1 时，红表笔接负极，黑表笔接正极，

实测结果为 0mV，说明 PFC 硅桥有短路故障。查看 PFC 硅桥负极经 F4 熔丝管（10A）连接
IGBT 开关管 Q3 的 E 极、硅桥正极接 Q3 的 C 极，相当于硅桥正负极和 IGBT 开关管的 CE
极并联，由于 IGBT 开关管损坏的比例远大于硅桥，判断 IGBT 开关管的 C-E 极击穿。

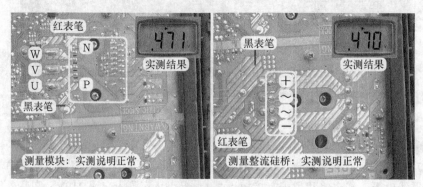

图 7-37　测量模块和整流硅桥

图 7-38　测量 PFC 硅桥和 IGBT 开关管击穿

　　维修措施：本机维修方法是应当更换室外机主板或 IGBT 开关管（型号为东芝 RJP60D0）。
由于暂时没有室外机主板和配件 IGBT 开关管更换，而用户又着急使用空调器，见图 7-39，
使用尖嘴钳子剪断 IGBT 的 E 极引脚（或同时剪断 C 极引脚、或剪断 PFC 硅桥 DS1 的两个
交流输入端），这样相当于断开短路的负载，即使 PFC 电路不能工作，空调器也可正常运行
在制冷模式或制热模式，待到有配件时再更换即可。

图 7-39　剪断 IGBT 开关管引脚

总结：

本机设有两个硅桥，整流硅桥的负载为直流 300V，PFC 硅桥的负载为 IGBT 开关管，当任何负载有短路故障时，均会引起电流过大，PTC 电阻在上电时阻值逐渐变大直至开路，后级硅桥输入端无电源，室外机主板 CPU 不能工作，引起室内机报故障代码为通信故障。

四、滤波电感线圈漏电

故障说明：海信 KFR-2601GW/BP×2 一拖二挂式交流变频空调器，只要将电源插头插入电源插座，即使不开机，断路器立即断开保护。

1. 测量硅桥

见图 7-40 左图，上门检查，将空调器插头插入电源插座，断路器立即断开保护，由于此时并未开机，断路器即断开保护，说明故障出现在强电通路上。

由于硅桥连接交流 220V，其短路后容易引起上电跳闸故障，使用万用表二极管挡，见图 7-40 右图，正向和反向测量硅桥的 4 个引脚，即测量内部 4 个整流二极管，实测结果说明硅桥正常，未出现击穿故障。

由于模块击穿有时也会出现跳闸故障，拔下模块上面的 5 根引线，使用万用表二极管挡测量 P/N/U/V/W 的正向和反向结果均符合要求，说明模块正常。

说明：

测量硅桥时需要测量 4 个引脚之间正向和反向的结果，且测量时不用从室外机上取下，本例只是为使图片清晰才拆下，图中只显示正向测量硅桥的正极和负极引脚结果。

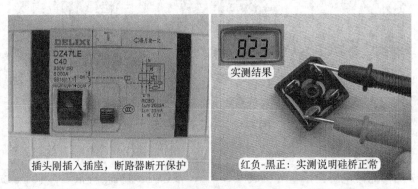

图 7-40　断路器跳闸和测量硅桥

2. 测量滤波电感线圈阻值

此时交流强电回路中只有滤波电感未测量，拔下滤波电感的橙线和黄线，使用万用表电阻挡测量两根引线阻值，实测接近 0Ω，说明线圈正常导通。

见图 7-41，一表笔接外壳地（本例红表笔接冷凝器铜管），另一表笔接线圈（本例黑表笔接橙线），测量滤波电感线圈对地阻值，正常为无穷大，实测约 300kΩ，说明滤波电感线圈出现漏电故障。

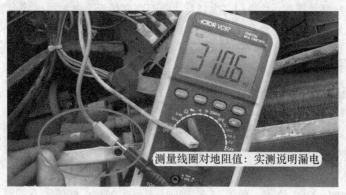

图 7-41　测量滤波电感线圈对地阻值

3. 短接滤波电感线圈试机

见图 7-42 左图，硅桥正极输出经滤波电感线圈后返回至滤波板上，再经过上面线圈送至滤波电容正极，然后再送至模块 P 端。

见图 7-42 右图，查看滤波电感的两根引线插在 60μF 电容的两个端子，拔下滤波电感的引线后，将电容上的另外两根引线插在一起（相通的端子上），即硅桥正极输出经滤波板上线圈直接送至滤波电容正极，相当于短接滤波电感。将空调器通上电，断路器不再跳闸保护，遥控器开机，压缩机和室外风机开始运行，空调器制冷正常，确定为滤波电感漏电损坏。

图 7-42　短接滤波电感

4. 取下滤波电感

见图 7-43，滤波电感位于室外机底座最下部，距离压缩机底脚很近。取下滤波电感时，首先拆下前盖，再取下室外风扇（防止在维修时损坏扇叶，并且扇叶不容易配到），再取下挡风隔板，即可看见滤波电感，将 4 个固定螺钉全部松开后，取下滤波电感。

5. 测量损坏的滤波电感

见图 7-44 左图，使用万用表电阻挡，黑表笔接线圈端子，红表笔接铁心测量阻值，正常为无穷大，实测约为 360kΩ，从而确定滤波电感线圈对地漏电损坏。

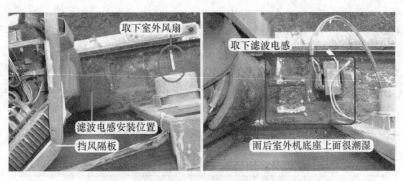

图 7-43　滤波电感安装位置和取下滤波电感

见图 7-44 右图，更换型号相同的滤波电感试机，上电后断路器不再断开保护，遥控器开机，室外机运行，制冷恢复正常，故障排除。

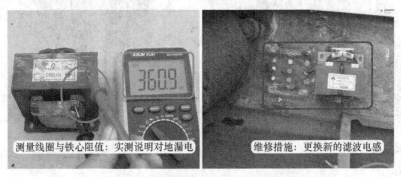

图 7-44　测量滤波电感对地阻值和更换滤波电感

维修措施：见图 7-44 右图，更换滤波电感。由于滤波电感不容易更换，在判断其出现故障之后，如果有相同型号的配件，见图 7-45，可使用连接引线，接在电容的两个端子上进行试机，在确定为滤波电感出现故障后，再拆壳进行更换，以避免无谓的工作。

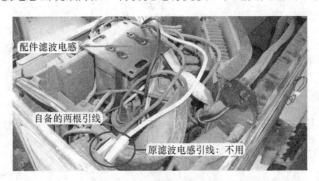

图 7-45　使用滤波电感试机

总结：

　　本例是一个常见故障，是一个通病，在很多品牌的空调器机型均出现类似现象，原因有两个。

1. 滤波电感位于室外机底座的最下部，因天气下雨或制热时化霜水将其浸泡，其经常被雨水或化霜水包围，导致线圈绝缘下降。

2. 见图 7-46 左图，早期滤波电感封口部位于下部，时间长了以后，封口部位焊点开焊，铁心坍塌与线圈接触，引发漏电故障，出现上电后或开机后断路器断开保护的故障现象。

3. 见图 7-46 右图，目前生产的滤波电感将封口部位的焊点改在上部，这样即使下部被雨水包围，也不会出现铁心坍塌和线圈接触而导致的漏电故障。

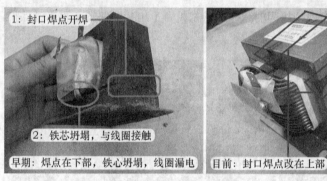

图 7-46　故障原因

第 8 章
模块故障和压缩机故障

第1节 模块故障

一、模块 P-U 端子击穿

故障说明：海信 KFR-28GW/39MBP 挂式交流变频空调器，遥控器开机后室外风机运行，但压缩机不运行，空调器不制冷。

1. 查看故障代码

见图 8-1，遥控器开机后室外风机运行，但压缩机不运行，室外机主板直流 12V 电压指示灯点亮，说明开关电源电路已正常工作，模块板上以 LED1 和 LED3 灭、LED2 闪的方式报故障代码，查看代码含义为"模块故障"。

图 8-1　压缩机不运行和模块板报故障代码

2. 测量直流 300V 电压

见图 8-2，使用万用表直流电压挡，红表笔接室外机主板上滤波电容输出红线，黑表笔接蓝线测量直流 300V 电压，实测 297V 说明正常，由于代码为"模块故障"，应拔下模块板上的 P、N、U、V、W 的 5 根引线，使用万用表二极管挡测量模块。

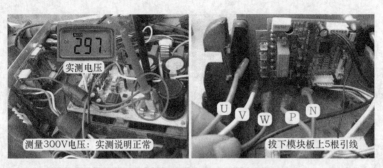

图 8-2　测量直流 300V 电压和拔下 5 根引线

3. 测量模块

见图 8-3，使用万用表二极管挡，测量模块的 P、N、U、V、W 的 5 个端子，测量结果见表 8-1。在路测量模块的 P 和 U 端子，正向和反向测量均为 0mV，判断模块 P 和 U 端子击穿；取下模块，单独测量 P 与 U 端子正向和反向均为 0mV，确定模块击穿损坏。

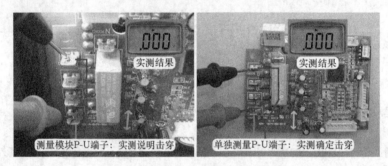

图 8-3　测量模块 P 和 U 端子击穿

表 8-1　　　　　　　　　　　　　　　　　　测量模块

万用表（红）	模块端子										
万用表（红）	P			N			U	V	W	U	V	W	P	N
万用表（黑）	U	V	W	U	V	W	P			N			N	P
结果（mV）	0	无	无	436			0	436	436	无穷大			无	436

维修措施：见图 8-4，更换模块板。更换后上电试机，压缩机和室外风机均开始运行，制冷恢复正常，故障排除。

图 8-4　更换模块板

总结：

1. 本例模块 P 和 U 端子击穿，在待机状态下由于 P-N 未构成短路，因而直流 300V 电压正常，而遥控器开机后室外机 CPU 驱动模块时，立即检测到模块故障，瞬间就会停止驱动模块，并报出"模块故障"的代码。

2. 如果为早期模块，同样为 P 和 U 端子击穿，则直流 300V 电压可能会下降至 260V 左右，出现室外风机运行、压缩机不运行的故障。

3. 如果模块为 P 和 N 端子击穿，相当于直流 300V 短路，则室内机主板向室外机供电后，室外机直流 300V 电压为 0V，PTC 电阻发烫，室外风机和压缩机均不运行。

二、模块板组件 IGBT 开关管短路

故障说明：卡萨帝（海尔高端品牌）KFR-72LW/01S（R2DBPQXF）-S1 柜式全直流变频空调器，用户反映正在使用时空气开关忽然跳闸，后将空气开关合上，空调器通上电，开机后室内机显示正常，但不再制冷，约 4min 后显示 E7 代码，查看代码含义为通信故障。根据正在使用时空气开关跳闸断开，初步判断室外机强电电路部件出现短路故障。

1. 测量直流 300V 电压

上门检查，遥控器开机，室内风机运行，但吹自然风，空调器不制冷。检查室外机，取下室外机上盖和电控盒盖板，见图 8-5 左图，查看室外机主板上直流 300V 电压指示灯不亮。

见图 8-5 右图，使用万用表直流电压挡，黑表笔接滤波电容负极、红表笔接正极测量 300V 电压，实测约为 0V，说明强电通路有开路或短路故障。

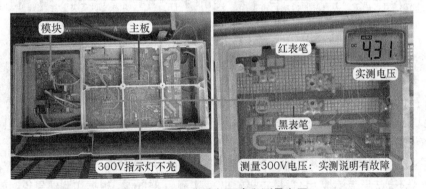

图 8-5　300V 指示灯不亮和测量电压

2. 手摸 PTC 电阻和模块板反面元件

见图 8-6 左图，本机 PTC 电阻位于主板边缘，为防止触电，断开空调器电源，迅速用手摸 PTC 电阻表面，感觉温度很高，说明强电电路元件有短路故障。

强电电路主要由硅桥、模块、PFC 电路（IGBT 开关管）、开关电源电路等组成，开关电源电路位于室外机主板，其余部件均位于模块板组件，实物外形见图 8-6 右图。

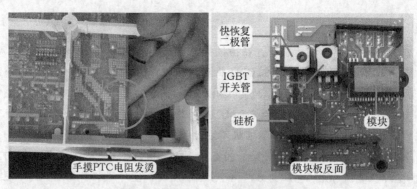

图 8-6　手摸 PTC 温度和模块板反面

3. 测量模块端子

拔下模块板组件上所有引线，使用万用表二极管挡，首先测量模块的 5 个端子即 P、N、U、V、W。

见图 8-7，红表笔接模块 N 端、黑表笔接 P 端，实测为 368mV；红表笔接 N 端，黑表笔接 U、V、W 端时，实测均为 394mV，根据实测结果说明模块正常。

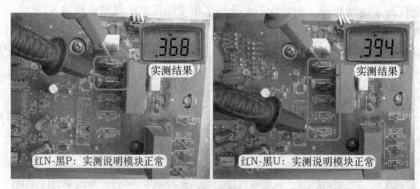

图 8-7　测量模块端子

4. 测量硅桥端子

硅桥直流输出的负极经 5W10mΩ（0.01Ω）无感电阻接 IGBT 开关管负极，再经过 1 个 5W10mΩ 无感电阻接模块的 N 端子，模块板组件未设计硅桥负极端子，因此测量硅桥时接模块 N 端子相当于接硅桥的负极端子，测量硅桥时依旧使用万用表二极管挡。

见图 8-8，红表笔接模块 N 端，黑表笔接 AC N（零线输入端），实测为 482mV；红表笔接模块 N 端不动，黑表笔接 LI（硅桥正极输出），实测为 858mV，根据实测结果说明硅桥正常。

5. 测量 IGBT 开关管端子

IGBT 开关管集电极接 300V 电压正极 LO（经滤波电感接硅桥正极 LI）、发射极经电阻接模块 N 端。见图 8-9，测量 IGBT 开关管时依旧使用万用表二极管挡，红表笔接模块 N 端（相当于接 IGBT 发射极），黑表笔接 LO 端（相当于接 IGBT 集电极），实测为 0mV；表笔反接即红表笔接 LO 端、黑表笔接 N 端，实测仍为 0mV，根据测量结果说明 IGBT 开关管短路。

图 8-8　测量硅桥端子

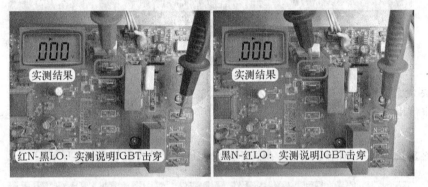

图 8-9　测量 IGBT 开关管端子

维修措施：见图 8-10 左图，由于暂时没有同型号的 IGBT 开关管配件更换，维修时申请同型号的模块板组件，使用万用表二极管挡，红表笔接模块 N 端子，黑表笔接 LO 端子实测为 386mV，当表笔反接红表笔接 LO 端子，黑表笔接 N 端子实测为无穷大。

见图 8-10 右图，经更换模块板组件后上电开机，室外机主板 300V 指示灯点亮，随后压缩机和室外风机运行，制冷恢复正常，故障排除。

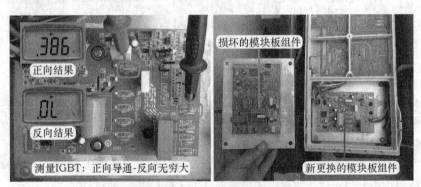

图 8-10　测量 IBGT 开关管和更换模块板组件

三、安装模块板组件引线

本小节以卡萨帝（海尔高端品牌）KFR-72LW/01S（R2DBPQXF）-S1 柜式全直流变频空调

器的模块板组件为例，介绍更换模块板组件时，需要安装引线的步骤。

示例模块板组件包含硅桥、模块、IGBT开关管、模块驱动CPU等主要元件，主要端子和插座功能的作用见图8-11，反面元件实物外形见图8-6右图。

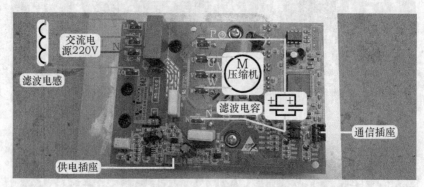

图 8-11　模块板组件主要端子和插座

1. 安装交流供电引线

交流供电引线接硅桥的两个交流输入端，标号 AC-L 的端子为相线、标号 AC-N 的端子为零线。

见图 8-12，将零线白线安装至 AC-N 端子，将相线黑线安装至 AC-L 端子。

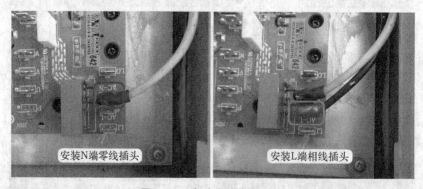

图 8-12　安装交流供电引线

2. 安装滤波电感引线

滤波电感和模块板组件的快恢复二极管、IGBT开关管等组成 PFC 电路，主要作用是提高功率因数，共设有两个端子，标号 LO 的端子为滤波电感输出，标号 LI 的端子为滤波电感输入（硅桥正极输出）。

见图 8-13，将滤波电感的灰线插在 LO 端子，将另 1 根灰线插在 LI 端子。安装滤波电感的两根灰线时，不分反正或正负极，随便安装在 LO 和 LI 端子即可。

3. 安装直流供电（滤波电容）引线

滤波电容为模块提供直流 300V 电压，其安装在室外机主板，通过引线连接至模块板组件，共有两根引线，标号 P 的端子接滤波电容正极，标号 N 的端子接负极。

见图 8-14，将滤波电容正极橙线安装至模块 P 端子，将负极蓝线安装至 N 端子，两根引线安装时不能接反。

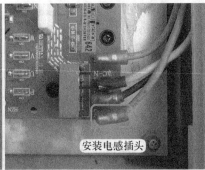

安装电感插头　　　　安装电感插头

图 8-13　安装滤波电感引线

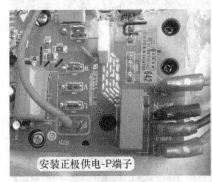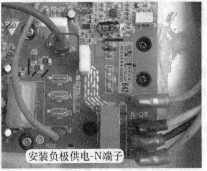

安装正极供电-P端子　　　安装负极供电-N端子

图 8-14　安装滤波电容引线

4. 安装压缩机引线

模块的主要作用是驱动压缩机，共有 3 个端子，标号为 U、V、W，通过 3 根引线连接压缩机线圈。

见图 8-15，将压缩机黑线安装至模块 U 端子、将压缩机白线安装至 V 端子、将压缩机红线安装至 W 端子。

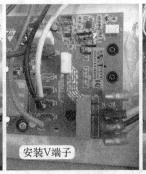

安装U端子　　　安装V端子　　　安装W端子

图 8-15　安装压缩机引线

5. 安装弱电电路供电和通信插头

由于模块板组件设有模块 CPU 控制电路，室外机主板要为其提供电压，设有 1 个供电插座；室外机上电后，模块板 CPU 和室外机主板 CPU 要进行通信，进行数据交换，设有 1 个通信插座。

见图 8-16，将室外机主板开关电源电路输出直流 15V 和 5V 供电的蓝色插头，安装至模块板组件蓝色插座；将连接室外机主板 CPU 引脚的通信黑色插头，安装至黑色插座。

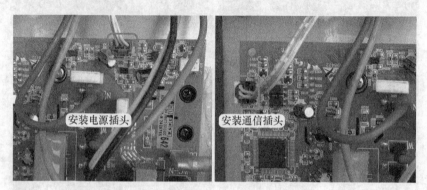

图 8-16　安装弱电电路供电和通信插头

6. 安装完成

见图 8-17，将模块的 5 个端子、硅桥的两个端子、滤波电感的 2 个端子、室外机主板和模块板组件的供电和通信插头全部连接完成，更换模块板组件时的引线安装工作全部完成。

图 8-17　安装模块板引线完成

四、模块 P-N 端子击穿

故障说明：海信 KFR-2601GW/BP 挂式交流变频空调器，遥控器制冷模式开机，"电源、运行"灯亮，室内风机运行，但室外风机和压缩机均不运行，室内机指示灯显示故障代码内容为"通信故障"。使用万用表交流电压挡测量室内机接线端子上 1 号 L 和 2 号 N 端子电压为交流 220V，说明室内机主板已输出交流电源，由于室外风机和压缩机均不工作，室内机又报出"通信故障"的代码，因此应检查室外机。

1. 测量直流 300V 电压和室外机主板输入电压

见图 8-18 左图，使用万用表直流电压挡，黑表笔接主滤波电容负极，红表笔接正极测量直流 300V 电压，正常为 300V，实测为 0V，判断故障部位在室外机，可能为后级负载短路或前级供电电路出现故障。

见图 8-18 右图，向前级检查故障，使用万用表交流电压挡，测量室外机主板输入端电压，正常为交流 220V，实测为 220V 说明室外机主板供电正常。

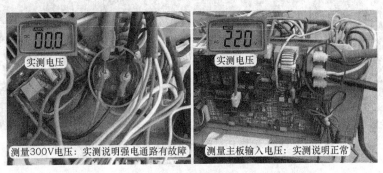

图 8-18 测量直流 300V 和室外机主板输入端电压

2. 测量硅桥输入端电压和手摸 PTC 电阻

见图 8-19 左图，使用万用表交流电压挡，黑表笔和红表笔接硅桥的两个交流输入端子测量电压，正常为交流 220V，实测为 0V，判断直流 300V 电压为 0V 的原因由硅桥输入端无交流供电引起。

室外机主板输入电压交流 220V 正常，但硅桥输入端电压为 0V，而室外机主板输入端到硅桥的交流输入端只串接有 PTC 电阻，初步判断其出现开路故障。见图 8-19 右图，用手摸 PTC 电阻表面，感觉温度很烫，说明后级负载有短路故障。

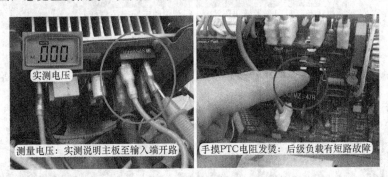

图 8-19 测量硅桥交流输入端电压和手摸 PTC 电阻

3. 断开模块 P-N 端子引线

引起 PTC 电阻发烫的负载主要是模块短路、开关电源电路的开关管击穿、硅桥击穿等。见图 8-20，拔下模块上 P 端红线和 N 端蓝线，再次上电开机，使用万用表直流电压挡测量直流 300V 电压已恢复正常，初步判断模块出现短路故障。

4. 测量模块

见图 8-21，使用万用表二极管挡，测量 P、N 端子，模块正常时应符合正向导通、反向无穷大的特性，但实测正向和反向均为 58mV，说明模块 P、N 端子已短路。

> 💡 说明：
>
> 此处为使用图片清晰，将模块拆下测量；实际维修时模块不用拆下，只需要将模块 P、N、U、V、W 共 5 个端子的引线拔下，即可测量。

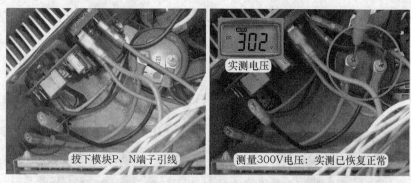

图 8-20　拔下模块 P-N 端子引线和测量直流 300V 电压

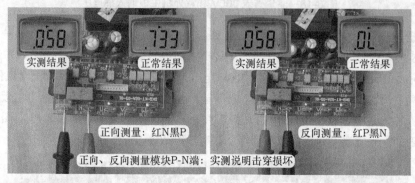

图 8-21　测量模块

维修措施：见图 8-22，更换模块，再次上电开机，室外风机和压缩机均开始运行，空调器开始制冷，使用万用表直流电压挡测量直流 300V 电压已恢复正常。

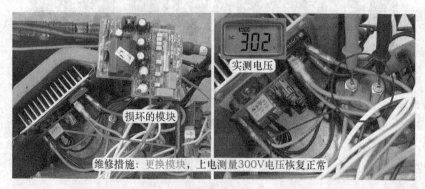

图 8-22　更换模块和测量 300V 电压

总结：

　　本例模块 P、N 端子击穿，使得室外机上电时因负载电流过大，PTC 电阻过热，阻值变为无穷大，室外机无直流 300V 电压，室外机主板 CPU 不能工作，室内机 CPU 因接收不到通信信号，报出"通信故障"的故障代码。

五、室外风机继电器触点锈蚀

故障说明：海尔 KFR-26GW/08QDW23 挂式直流变频空调器，用户反映不制冷，显示 F1 代码，查看代码含义为"IPM 功率模块故障"（10 分钟 3 次确认）。

1. 检查室外机和查看室外风机电路

上门检查，在室外机接线端子 L 端接上电流表，再使用遥控器开机，室内机主板向室外机供电，电流约 0.5A，约 30s 后电流由 1A 逐渐上升，手摸连接管道中细管已经变凉，说明压缩机已启动运行，排除模块击穿故障。仔细查看室外风机不运行，运行约 5min 后，见图 8-23 左图，手摸冷凝器烫手约有 70℃，室外机电流约 7A 时，压缩机停机，室外机主板指示灯闪两次，查看代码含义为"模块故障"。

本机室外风机使用交流电机，不运行常见故障部位有室外机主板的风机单元电路、室外风机、风机电容损坏等。图 8-23 右图为室外机主板的室外风机电路。

图 8-23　手摸冷凝器烫手和室外机主板风机电路

2. 测量室外风机线圈阻值

本机室外风机使用两速的抽头交流电机，共有 5 根引线，见图 8-24 左图。蓝线和橙线为电容 C 引线，使用接线插，插在主板标有 C 的端子；白线为公共端 COM 接零线 N、黑线为高风抽头 H、黄线为低风抽头 L，3 根引线使用 1 个插头，插在主板标有 AC FAN 的 3 针插座。

断开空调器电源，使用万用表电阻挡，见图 8-24 右图，测量室外风机引线阻值，结果见表 8-2，实测说明室外风机线圈正常，故障在室外风机单元电路或风机电容损坏。

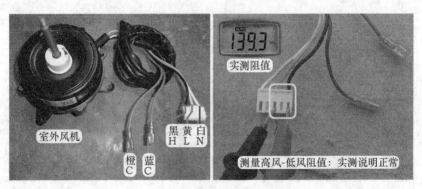

图 8-24　室外风机和测量线圈阻值

说明：

白线和蓝线在电机内部相通。

表 8-2 　　　　　　　　　　　测量室外风机线圈阻值

红表笔 - 黑表笔	白线-黄线 N-L 公共-低风	白线-黑线 N-H 公共-高风	白线-棕线 N-C 公共-电容	白线-蓝线 (内部相通)	黄线-黑线 L-H 低风-高风	黄线-棕线 L-C 低风-电容	黑线-棕线 H-C 高风-电容
结果	489Ω	350Ω	700Ω	0Ω	139Ω	211Ω	350Ω

3. 室外风机单元电路

图 8-25 为室外风机单元电路原理图，图 8-26 左图为主板实物图正面，图 8-26 右图为主板实物图反面。

室外机主板 CPU 共使用两个引脚、两个贴片三极管 N3 和 N4、两个继电器 K1 和 K2 等主要元件组成单元电路。

和常规风机电路不同的是，继电器 K1 负责调速，其使用常开和常闭触点，常开触点接高风抽头、常闭触点接低风抽头；继电器 K2 负责交流 220V 供电的接通和断开，其只使用常开触点。

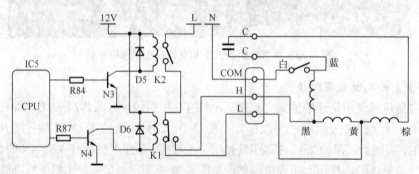

图 8-25　室外风机电路原理图

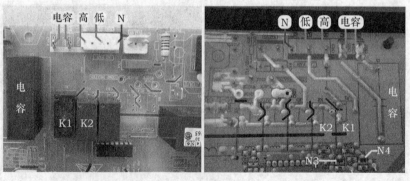

图 8-26　室外风机主板实物图（主板正面和反面）

4. 测量室外风机高风和低风端子电压

见图 8-27，将空调器重新上电开机，待压缩机运行后，使用万用表交流电压挡，黑表笔接 N 端零线、红表笔接和高风端子相通的铜箔走线测量电压，实测约为 0V；黑表笔接 N 端零线、红表笔改接和低风端子相通的铜箔走线测量电压，实测约为 0V，说明室外机主板未输出交流供电，故障在室外风机单元电路。

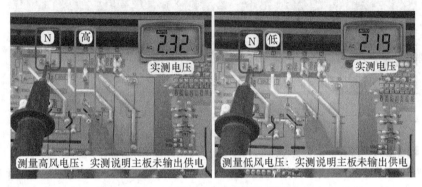

图 8-27 测量室外风机高风和低风电压

5. 测量供电输出和输入电压

见图 8-28 左图，依旧使用万用表交流电压挡，黑表笔接 N 端，红表笔接继电器 K2 的输出端触点测量电压，实测约为 0V。

见图 8-28 右图，黑表笔接 N 端，红表笔改接继电器 K2 的输入端即 L 端测量电压，实测约为交流 220V。

根据两次测量结果，说明为室外风机供电的继电器 K2 触点未导通。

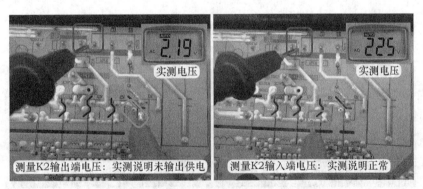

图 8-28 测量继电器 K2 输出端和输入端电压

6. 测量 CPU 输出电压和集电极电压

见图 8-29 左图，将万用表挡位改为直流电压挡，黑表笔接直流电源地（实测 2003 反相驱动器的⑧脚地），红表笔接电阻 R84 上端相当于测量 CPU 引脚电压，实测约 5V，说明 CPU 输出正常。

见图 8-29 右图，黑表笔接直流地，红表笔接三极管 N3 基极 B 测量电压，实测为 0.7V；再将红表笔接集电极 C 测量电压，实测为 72mV（0.07V），说明三极管 N3 集电极和发射极已深度导通，故障在继电器。

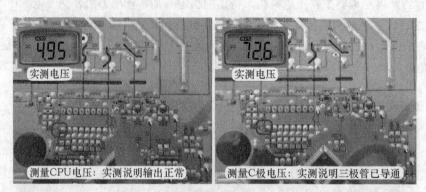

图 8-29　测量 CPU 电压和集电极电压

7. 测量继电器线圈电压和阻值

见图 8-30 左图，依旧使用万用表直流电压挡，测量继电器 K2 线圈电压，红表笔接供电端直流 12V（并联二极管的负极），黑表笔接驱动端（接三极管的集电极 C），实测为 12.8V，电压已经送至线圈端子，也说明三极管已导通，故障在继电器。

见图 8-30 右图，断开空调器电源，待直流 300V 滤波电容放电完成后，使用万用表电阻挡，测量继电器线圈阻值，实测约 340Ω，说明线圈正常，故障为继电器触点锈蚀损坏。

说明：

图 8-30 左图中，如果红表笔和黑表笔接反，显示值为负数即 −12.81V。

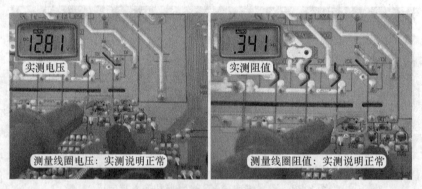

图 8-30　测量继电器线圈电压和阻值

维修措施：见图 8-31，原机主板使用的继电器型号为 JZC-32F，线圈工作电压为直流 12V、触点电流 5A，使用参数相同的配件继电器进行代换，型号为 0JE-SS-112DM，代换后上电试机，室外风机和压缩机开始运行，制冷恢复正常，长时间运行不再停机保护，说明故障排除。

图 8-31　继电器实物外形和代换继电器

总结：

　　本例继电器损坏，不能为室外风机供电，室外风机不能运行。压缩机在运行时，冷凝器热量由于不能及时吹出导致温度很高，使得系统压力升高，压缩机运行电流也相应增加，超过 CPU 保护值或触发模块保护电路工作，其输出保护信号至室外机 CPU，CPU 判断为模块保护，因而停机进行保护，待 3min 后室外机主板再次控制压缩机运行，当检测到电流过大或模块输出保护信号则再次停机保护。如果 10min 内连续 3 次检测到电流过大或模块保护，则停机不再启动，室内机显示 F1 代码。

第 2 节　压缩机故障

一、线圈对地短路

　　故障说明：海信 KFR-50GW/09BP 挂式交流变频空调器，遥控器开机后不制冷，检查为室外风机运行，但压缩机不运行。

1. 测量模块

　　遥控器开机，听到室内机主板主控继电器触点闭合的声音，判断室内机主板向室外机供电，检查室外机，观察室外风机运行，但压缩机不运行，取下室外机外壳过程中，如果一只手摸窗户的铝合金外框、一只手摸冷凝器时有电击的感觉，判断此空调器电源插座中地线未接或接触不良引起。

　　查看室外机主板上指示灯以"LED2 闪、LED1 和 LED3 灭"报出故障代码，含义为"IPM 模块故障"，在室内机按压遥控器"高效"键 4 次，显示屏显示"5"的代码，含义仍为"IPM 模块故障"，说明室外机 CPU 判断模块出现故障。

　　断开空调器电源,拔下压缩机 U、V、W 的 3 根引线、和滤波电容上去室外机主板的正极（接模块 P 端子）和负极（接模块 N 端子）引线，使用万用表二极管挡，见图 8-32，测量模块 5

个端子，实测结果符合正向导通、反向截止的二极管特性，判断模块正常。

使用万用表电阻挡，测量压缩机 U（红）、V（白）、W（蓝）的 3 根引线阻值，3 次均为 0.8Ω，也说明压缩机线圈阻值正常。

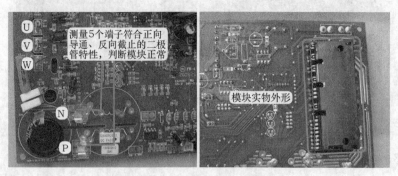

图 8-32　测量模块和模块实物外形

2. 更换室外机主板

由于测量模块和压缩机线圈均正常，判断室外机 CPU 误判或相关电路出现故障。此机室外机只有一块电路板，集成 CPU 控制电路、模块、开关电源等所有电路，试更换室外机主板，见图 8-33。开机后室外风机运行但压缩机仍不运行，故障依旧，指示灯依旧为 LED2 闪、LED1 和 LED3 灭，报故障代码仍为"IPM 模块故障"。

图 8-33　更换室外机主板和故障代码

3. 测量压缩机线圈对地阻值

引起"IPM 模块故障"的原因有模块、开关电源直流 15V 供电、压缩机，现室外机主板已更换可以排除模块和直流 15V 供电，故障原因还有可能为压缩机。为判断故障，拔下压缩机线圈的 3 根引线，再次上电开机，室外风机运行，室外机主板上 3 个指示灯同时闪，含义为压缩机正常升频即无任何限频因素，一段时间以后室外风机停机，报故障代码为"无负载"，因此判断故障为压缩机损坏。

断开空调器电源，使用万用表电阻挡测量 3 根引线阻值，UV、UW、VW 均为 0.8Ω，说明线圈阻值正常。见图 8-34 左图，将一表笔接冷凝器相当于接地，另一表笔接压缩机线圈引线测量阻值，正常应为无穷大，而实测约为 25Ω，判断压缩机线圈对地短路损坏。

为准确判断，取下压缩机接线端子上的引线，直接测量压缩机接线端子和排气管铜管（外壳相当于接地）阻值，见图 8-34 右图，正常为无穷大，而实测仍约为 25Ω，确定压缩机线圈对地短路损坏。

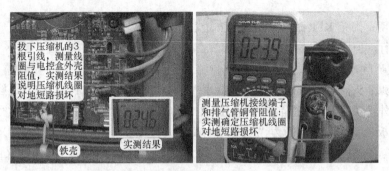

图 8-34 测量压缩机引线和接线端子对地阻值

　　维修措施：见图 8-35，更换压缩机。型号为三洋 QXB-23(F) 交流变频压缩机，根据顶部钢印可知，线圈供电为三相（PH3），定频频率 60Hz 时工作电压为交流 140V，线圈与外壳（地）正常阻值大于 2MΩ。拔下吸气管和排气管的封塞，将 3 根引线安装在新压缩机的接线端子上，上电开机压缩机运行，吸气管有气体吸入，排气管有气体排出，室外机主板不报 "IPM 模块故障"，更换压缩机后对系统顶空，加氟至 0.45MPa 时试机制冷正常。

图 8-35 压缩机实物外形和铭牌

 总结：

　　1. 本例在维修时走了弯路，在室外机主板报出 "IPM 模块故障" 时，测量模块正常后仍判断室外机 CPU 误报或有其他故障，而更换室外机主板。假如在维修时拔下压缩机线圈的 3 根引线，室外机主板不再报 "IPM 模块故障"，改报 "无负载" 故障时，就可能会仔细检查压缩机，可减少一次上门维修次数。

　　2. 本例在测量压缩机线圈只测量引线之间阻值，而没有测量线圈对地阻值，这也说明在检查时不仔细，也从另外一个方面说明压缩机故障时会报出 "IPM 模块故障" 的代码，且压缩机线圈对地短路时也会报出相同的故障代码。

　　3. 本例断路器（俗称空气开关）不带漏电保护功能，开机后报故障代码为 "IPM 模块故障"。假如本例断路器带有漏电保护功能，故障现象则表现为上电后断路器跳闸。

二、线圈短路

故障说明：海信 KFR-26GW/27BP 挂式交流变频空调器，开机后不制冷，查看室外机，室外风机运行，但压缩机运行 15s 后停机。

1. 查看故障代码

拔下电源插头，约 1min 后重新上电，室内机 CPU 和室外机 CPU 复位，遥控器制冷模式开机。在室外机观察，压缩机首先运行，但约 15s 后停止运行，室外风机一直运行，见图 8-36 左图，模块板上指示灯报故障为"LED1 和 LED3 灭、LED2 闪"，查看代码含义为"IPM 模块故障"；在室内机按压遥控器上"高效"键 4 次，显示屏显示代码为"05"，含义同样为"IPM 模块故障"。

见图 8-36 右图，断开空调器电源，待室外机主板开关电源停止工作后，拔下模块板上"P、N、U、V、W"的 5 根引线，使用万用表二极管挡，测量模块 5 个端子符合正向导通、反向截止的二极管特性，判断模块正常。

图 8-36　故障代码和测量模块

2. 测量压缩机线圈阻值

见图 8-37，使用万用表电阻挡，测量压缩机线圈阻值，压缩机线圈共有 3 根引线，分别为红（U）、白（V）、蓝（W），测量 UV 引线阻值为 1.6Ω，UW 引线阻值为 1.7Ω，VW 引线阻值为 2.0Ω，实测阻值不平衡，相差约 0.4Ω。

图 8-37　测量压缩机线圈阻值

3. 测量室外机电流和模块电压

恢复模块板上的 5 根引线，使用两块万用表，一块为 UT202，见图 8-38，选择交流电流挡，表头钳住室外机接线端子上 1 号电源 L 相线，测量室外机的总电流；另一块为 VC97，见图 8-39，选择交流电压挡，测量模块板上红线 U 和白线 V 电压。

重新上电开机，室内机主板向室外机供电后，电流为 0.1A；室外风机运行，电流为 0.4A；压缩机开始运行，电流开始上升，由 1A → 5A，电流约为 5A 时压缩机停机，从压缩机开始运行到停机总共只有约 15s 的时间。

查看红线 U 和白线 V 电压，压缩机未运行时电压为 0V，运行约 5s 时电压为交流 4V，运行约 15s 电流约为 5A 时电压为交流 30V，模块板 CPU 检测到运行电流过大后，停止驱动模块，压缩机停机，并报代码为"IPM 模块故障"，此时室外风机一直运行。

图 8-38　测量室外机电流

图 8-39　测量压缩机线圈 UV 电压

4. 手摸二通阀温度和测量模块空载电压

在三通阀检修口接上压力表，此时显示静态压力约为 1.2MPa，约 3min 后 CPU 再次驱动模块，压缩机开始运行，系统压力直线下降，当压力降至 0.6MPa 时压缩机停机。见图 8-40 左图，此时手摸二通阀温度已经变凉，说明压缩机压缩部分正常（系统压力下降、二通阀变凉），为电机中线圈短路引起（测量线圈阻值相差 0.4Ω、室外机运行电流上升过快）。

试将压缩机 3 根引线拔掉，重新上电开机，室外风机运行，模块板 3 个指示灯同时闪，含义为正常升频无限频因素，模块板不再报"IPM 模块故障"，在室内机按遥控器上"高效"键 4 次，显示屏显示"00"，含义为无故障，使用万用表交流电压挡，见图 8-40 右图，测量模块板 UV、UW、VW 电压均衡，开机 1min 后测量电压约为交流 160V，也说明模块输出正常，综合判断压缩机线圈短路损坏。

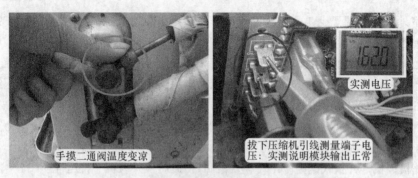

手摸二通阀温度变凉

拔下压缩机引线测量端子电压；实测说明模块输出正常

实测电压

图 8-40　手摸二通阀温度和测量模块空载电压

维修措施：见图 8-41，更换压缩机。压缩机型号为庆安 YZB-18R，工作频率 30 ～ 120Hz、电压交流 60 ～ 173V，使用 R22 制冷剂。英文"Rotary Inverter Compressor"含义为旋转式变频压缩机。更换压缩机后顶空加氟至 0.45MPa，模块板不再报"IPM 模块故障"，压缩机一直运行，空调器制冷正常，故障排除。

维修措施：更换压缩机

压缩机参数

图 8-41　压缩机实物外形和铭牌